これでわかる基礎有機化学演習

畔田 博文・鈴木 秋弘・高木 幸治・川淵 浩之 共著

三共出版

まえがき

　有機化学は，無機化学，物理化学等にならんで化学を学ぶものにとって重要な，基礎学問のひとつです。有機化学では，膨大な化合物，反応を扱うため覚えなければいけないことが膨大であるかのように感じられがちですが，基礎的な事項のみを覚え理解すれば，その事項の応用により多くの答えを自ら導くことができる論理的な学問です。

　本書では，事項ごとにエッセンスを簡素に記し，それに関する例題ならびに問を配置しました。まずはエッセンスを再確認するとともに理解して下さい。ついで，例題にてその理解度をはかり，問にてその定着をはかって下さい。

　このような観点から，本演習書は応用問題ではなく基本問題が中心となるよう配慮しながら問題を配置し，すぐに確認ができるよう問題ごとにその解答と解説を直後に記すつくりとなっています。しかし，問題が解けないからといって，すぐに解答に頼るのではなく，チェックポイントや例題を参考にまずは自分なりの解答を導いてみて下さい。これによって，「有機化学は暗記の学問ではなく，基本事項のみを理解し，覚え，これを応用する論理的な学問である」ことを理解できるでしょう。特に4章までの事項をしっかり身につけることができれば，あとはこの考えを少し拡大するだけで，5章以降で学ぶ多くの事項が容易に理解できることに気付いてもらえればと思います。

　皆さんは論理的思考という言葉を聞いたことがありますか？　論理的思考は，難しいものを単純にし，構造化（事象のつながりを明確化）していく考え方のことを言います。工学の世界は，様々な理屈が事象に結びついています。つまり，複雑な事象を単純化しつなげていく構造化が様々な事象を理解し，発展させていく鍵となるのです。上述のように有機化学は，初期の知識を，形を変えながら活用していく構造化のしやすい学問のひとつだと考えます。この機会に有機化学を通して論理的思考についても考えてみてください。

　最後に，本書を執筆するにあたり参考とさせていただいた多くの書の著者に敬意と感謝の念をここに示すとともに，本書の編集に大変ご尽力いただいた秀島　功氏，飯野久子氏に心より感謝申し上げます。

平成24年2月13日
著者を代表して
畔田　博文

目次

1 有機化合物と化学結合
- 1.1 有機化合物と無機化合物 …………………………………………… 1
- 1.2 価電子と共有結合 ……………………………………………………… 2
- 1.3 共有結合の分極と水素結合 …………………………………………… 6
- 1.4 形式電荷 ………………………………………………………………… 8
- 1.5 結合の開裂と形成 ……………………………………………………… 9
- 1.6 酸と塩基 ………………………………………………………………… 11

2 有機化合物の表現法とアルカン
- 2.1 有機化合物の表現法 …………………………………………………… 13
- 2.2 アルカンの名称と性質（沸点，水への溶解性を中心に）………… 16
- 2.3 アルカンの反応 ………………………………………………………… 18
- 2.4 アルカンの立体構造 …………………………………………………… 21

3 化合物の分類と IUPAC 命名法
- 3.1 官能基による化合物の分類 …………………………………………… 25
- 3.2 慣用名と IUPAC 命名法 ……………………………………………… 26
- 3.3 飽和炭化水素と不飽和炭化水素の命名と命名の基礎 ……………… 29
- 3.4 芳香族化合物の命名 …………………………………………………… 33
- 3.5 単純な語尾変化のみで命名することができる化合物の命名 ……… 34
- 3.6 単純な語尾変化のみで命名することができない化合物の命名 …… 36
- 3.7 各化合物の性質 ………………………………………………………… 39

4 アルケンとアルキンの化学
- 4.1 アルケンとアルキンの混成軌道と立体構造 ………………………… 44
- 4.2 アルケンにおける求電子付加反応 …………………………………… 46
- 4.3 アルケンへのラジカル付加反応 ……………………………………… 49
- 4.4 アルケンの還元と酸化反応 …………………………………………… 51
- 4.5 アルキンの反応 ………………………………………………………… 54
- 4.6 共役ジエンの反応 ……………………………………………………… 56
- 4.7 アルケン・アルキンの反応まとめ …………………………………… 58

5 芳香族化合物の化学
- 5.1 芳香族化合物と Hückel 則 …………………………………… 60
- 5.2 芳香族化合物と求電子置換反応 …………………………… 61
- 5.3 アルキルベンゼンの反応 …………………………………… 69

6 立体化学
- 6.1 異性体の種類 …………………………………………………… 74
- 6.2 不斉炭素と鏡像異性体 ………………………………………… 76
- 6.3 不斉炭素の表示方法（立体配置，$R-S$ 表記法）………… 80
- 6.4 鏡像異性体とジアステレオ異性体 …………………………… 81

7 有機ハロゲン化合物の化学
- 7.1 求核置換反応 …………………………………………………… 86
- 7.2 脱離反応 ………………………………………………………… 92
- 7.3 競争反応 ………………………………………………………… 96
- 7.4 有機金属試薬の調整 …………………………………………… 100

8 アルコールの化学
- 8.1 酸としてのアルコールと Williamson のエーテル合成 ……… 103
- 8.2 塩基としてのアルコールと置換，脱離反応 ………………… 107
- 8.3 アルコールの酸化反応 ………………………………………… 111

9 エーテルの化学
- 9.1 エーテルの酸化反応 …………………………………………… 113
- 9.2 エーテル結合の開裂反応―置換反応― ……………………… 114
- 9.3 エポキシドの合成 ……………………………………………… 116

10 アルデヒドとケトンの化学
- 10.1 カルボニル基の分極構造と求核付加反応 ………………… 118
- 10.2 α プロトンの酸性度とエノラートイオンの反応 ………… 123
- 10.3 アルデヒド，ケトンの酸化反応と還元反応 ……………… 127

11 カルボン酸の化学
- 11.1 カルボン酸の酸性度 ………………………………………… 129
- 11.2 カルボン酸の求核アシル置換反応 ………………………… 130

12　カルボン酸誘導体の化学
　12.1　カルボン酸誘導体の求核アシル置換反応 …………… 135
　12.2　エステルの縮合反応 …………………………………… 140

13　アミンの化学
　13.1　アミンの塩基性 ………………………………………… 143
　13.2　アミンのアルキル化反応 ……………………………… 145
　13.3　他の官能基への変換 …………………………………… 145
　13.4　アミンの合成反応 ……………………………………… 146

14　各種化合物の合成反応
　14.1　アルケン ………………………………………………… 148
　14.2　アルキン ………………………………………………… 150
　14.3　芳香族 …………………………………………………… 152
　14.4　有機ハロゲン …………………………………………… 158
　14.5　アルコール ……………………………………………… 164
　14.6　エーテル ………………………………………………… 167
　14.7　アルデヒドおよびケトン ……………………………… 168
　14.8　カルボン酸 ……………………………………………… 170
　14.9　カルボン酸誘導体 ……………………………………… 171
　14.10　アミン ………………………………………………… 172

索　引 ……………………………………………………………… 173

1 有機化合物と化学結合

1.1 有機化合物と無機化合物

CHECK POINT
- 炭素原子，水素原子を中心に構成される化合物を有機化合物と認識する。
- 炭素の単体（同一元素同士の結合からなる物質）であるダイヤモンド，炭素と酸素の化合物である二酸化炭素，炭酸塩などは無機物に属する。

問 1.1
次の化合物の化学構造を調べ，有機化合物であるか，否かを判断しなさい。
1) 二酸化ケイ素　2) グラファイト　3) ポリエチレン
4) エタノール　5) ホルムアルデヒド　6) プロパン
7) セルロース　8) アルミニウム　9) 酢酸　10) グリシン

解　答
1) Si–O の繰り返しからなり，SiO_2 を組成式として持つ化合物。ガラスや水晶などがこれに該当する。炭素原子も水素原子も含まないので有機化合物ではないと判断される。無機化合物
2) 炭素の単体であり，＝C– の繰り返しからなる平面状物質。鉛筆の芯などとして用いられている。炭素のみから成り水素原子を含まないので有機化合物ではないと判断される。無機物（化合物は複数の元素の組み合わせからなる化合物の総称なのでここでは化合物を用いない）
3) –CH_2CH_2– の繰り返しからなる化合物。ポリ袋などとして利用されている化合物。炭素と水素を中心に構成されているので有機化合物として識別される。
4) CH_3CH_2OH を構造として有する化合物。アルコール飲料，消毒用アルコールの主成分。炭素原子，水素原子を中心に構成されているので有機化合物として識別される。
5) HCHO を構造として有する化合物。接着剤などに多用されている。シックハウス症候群の原因のひとつ。炭素原子，水素原子を中心に構成されているので有機化合物として識別される。

6）CH₃CH₂CH₃ を構造として有する化合物。燃料ガス（プロパンガス）として用いられる。炭素原子，水素原子を中心に構成されているので有機化合物として識別される。

7）C₆H₁₀O₅ を繰り返し単位として有する化合物。食物繊維の1つとして知られている。炭素原子，水素原子を中心に構成されているので有機化合物として識別される。

8）Al の単体。アルミニウム金属としてもちいられている。炭素原子も水素原子も含まないので有機化合物ではないと判断される。無機物（金属）

9）CH₃CO₂H を構造として有する化合物。食酢の中の酸味成分。炭素原子，水素原子を中心に構成されているので有機化合物として識別される。

10）H₂NCH₂CO₂H を構造として有する化合物。タンパク質の構成成分であるアミノ酸の一種。炭素原子，水素原子を中心に構成されているので有機化合物として識別される。

1.2　価電子と共有結合

CHECK POINT

価電子について

- 電子は軌道に収まっており，1つの軌道にはスピンの向きを変えた2個の電子しか収まることができない（Pauli（パウリ）の排他原理より）。
- 電子軌道にはs軌道（1つの軌道で構成，最大電子収容数2個），p軌道（3つの軌道で構成，最大電子収容数6個）などがある。（有機化学では，特にs軌道，p軌道について理解しておくことが重要）
- 電子は1s→2s→2p→3s→3p→4s→3d→4p→…の順に満たされる。同一種の軌道に電子が収まる際，まず半分が満たされ，ついでもう半分が満たされていく（Hund（フント）の規則より）。たとえば，p軌道では3つの軌道のそれぞれの軌道に1個ずつの電子が収まり，ついでもう1個ずつ電子が収まっていく。（4sまでの電子の収まり方を理解しておくこと）
- 結合に大きくかかわるのは，最外殻電子であり，内殻から順にK殻（1s，最大電子収容総数2個），L殻（2s，2p，最大電子収容総数8個），M殻（3s，3p，3d，最大電子収容総数18個）となる。最外殻電子のみを点として簡易的に示す方法を Lewis（ルイス）構造式という。

共有結合について

- Lewis 構造の書き方：元素記号の四辺にまず1個ずつ電子を配置し，さらに電子を配置する際には，それぞれの辺に2個目の電子を書き込んでいく。このLewis 構造から次の情報が得られる。

① 対をなしていない電子数（不対電子数）…共有結合数
② 対を成している電子…孤立電子対（塩基としての性質）
③ 一辺に電子が配置されていない…空軌道（孤立電子対受容体）
④ 族が同じであれば，①〜③の事項は同じ

・共有結合は Lewis 構造において対を成していない電子同士を原子間で共有することにより形成される結合である。この結合は，原子間に実線で示す。

例題1.1

炭素の基底状態の電子配置を箱型模型で示し，どれが最外殻電子かを答えなさい。

解　答

① $_6$C…6個の電子を軌道に配置
② K 殻（1s），L 殻（2s, 2p）に電子を配置
③ 1s, 2s, 2p の順に配置，2p に関しては2個の電子を3つの軌道に1個ずつ振り分ける。

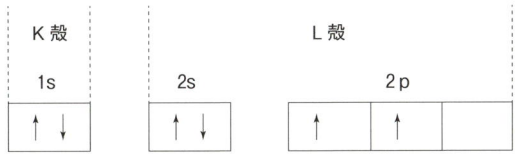

L 殻の電子が最外殻電子

問 1.2

次の元素の基底状態の電子配置を箱型模型で示しなさい。
　1）Al　　2）N　　3）P　　4）Mg　　5）Ar

解　答

1）$_{13}$Al…13個の電子を配置，1s〜3p までの軌道に電子を配置

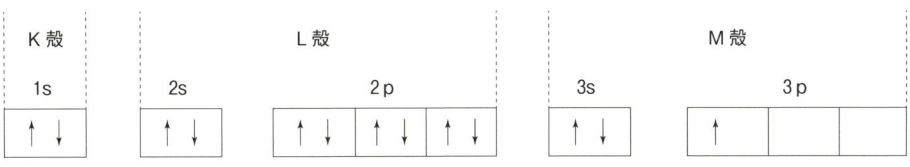

M 殻の電子が最外殻電子

2) ₇N

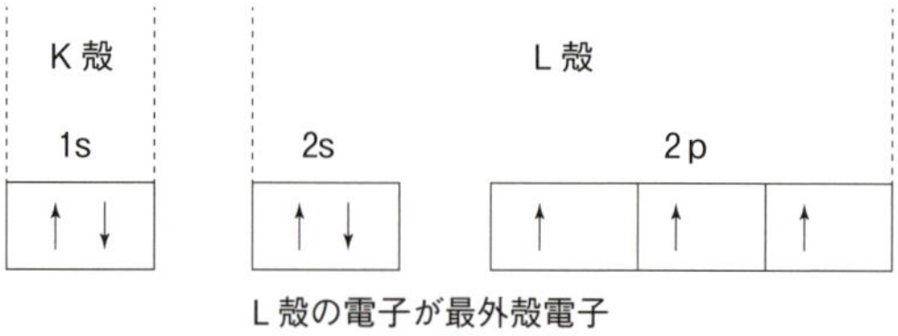

K殻 1s [↑↓]　　L殻 2s [↑↓]　2p [↑][↑][↑]
L殻の電子が最外殻電子

3) ₁₅P

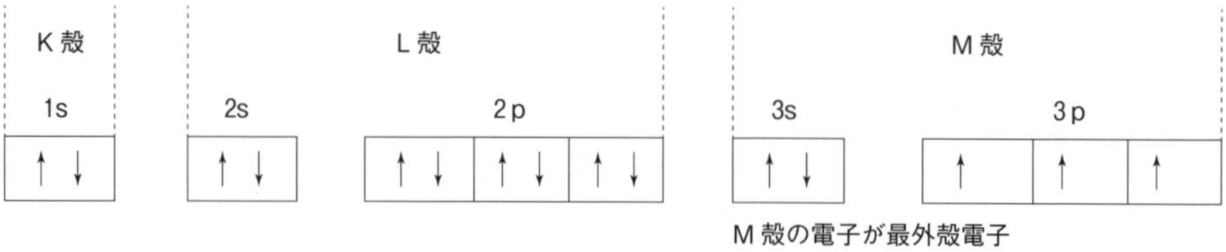

K殻 1s [↑↓]　　L殻 2s [↑↓]　2p [↑↓][↑↓][↑↓]　　M殻 3s [↑↓]　3p [↑][↑][↑]
M殻の電子が最外殻電子

4) ₁₂Mg

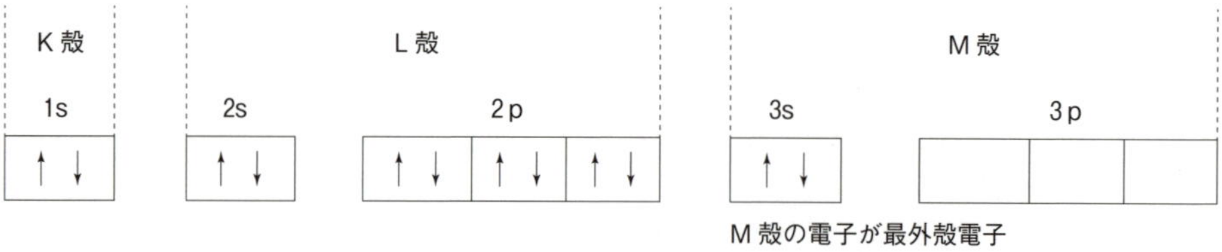

K殻 1s [↑↓]　　L殻 2s [↑↓]　2p [↑↓][↑↓][↑↓]　　M殻 3s [↑↓]　3p [ ][ ][ ]
M殻の電子が最外殻電子

5) ₁₈Ar

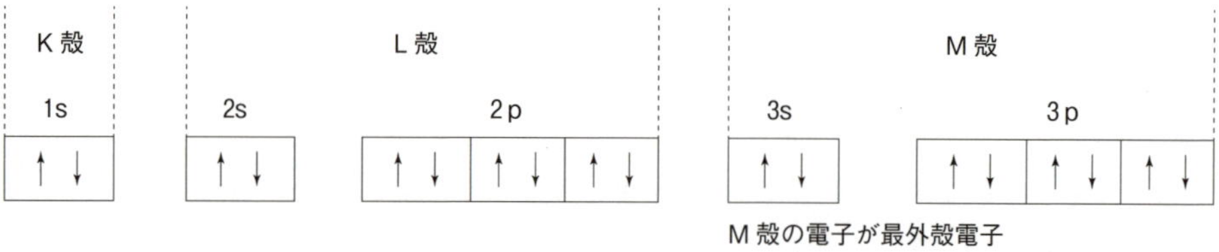

K殻 1s [↑↓]　　L殻 2s [↑↓]　2p [↑↓][↑↓][↑↓]　　M殻 3s [↑↓]　3p [↑↓][↑↓][↑↓]
M殻の電子が最外殻電子

例題1.2

N原子のLewis構造を示し，そのLewis構造をもとにその原子の共有結合数，孤立電子対の組数，空軌道の数を答えなさい。

解　答

共有結合形成　←　·N:　←　孤立電子対　　　空の軌道なし
（3本）　　　　　··　　　　（1組）　　　　　（0個）

問 1.3

次の元素の共有結合数，孤立電子対組数，空軌道の数を，Lewis構造をもとに答えなさい。

1) B　　2) O　　3) Cl　　4) Br　　5) C

解 答

1) 共有結合数3本（不対電子数と同じ），孤立電子対0組，空軌道1個
2) 共有結合数2本，孤立電子対2組，空軌道0個
3) 共有結合数1本，孤立電子対3組，空軌道0個
4) 共有結合数1本，孤立電子対3組，空軌道0個
   BrはClと同族体なのでClと同じ
5) 共有結合数4本，孤立電子対0組，空軌道0個

例題1.3

炭素原子2個，水素原子6個，および酸素原子1個からなる有機化合物をLewis構造で示しなさい。また，その化合物における共有結合を実線で示し，書き直しなさい。

解 答

·C· ×2   H· ×6   ·C· ×1   ⟹

不対電子同士で対を成すように組み合わせる

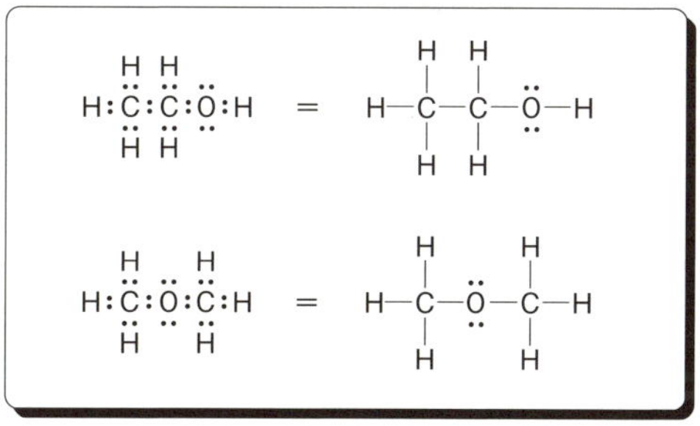

問 1.4

次の組み合わせからなる有機化合物をLewis構造で記しなさい。また，その化合物における共有結合を実線で示しなさい。

1) 炭素原子2個，水素原子5個，および塩素原子1個
2) 炭素原子3個，水素原子6個
3) 炭素原子3個，水素原子9個，および窒素原子1個

解 答

1)

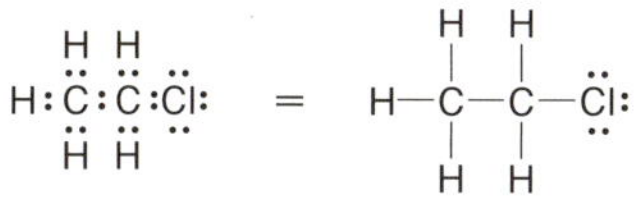

2) [構造式図: H:C:C:C:H (プロペン) = H-C=C-C-H, および H:C:C:H 三員環 = シクロプロパン]

3) [構造式図: プロピルアミン H:C:C:C:N:H = H-C-C-C-N-H]

[構造式図: N-メチルエチルアミン H:C:C:N:C:H = H-C-C-N-C-H]

[構造式図: トリメチルアミン (N中心) = H-C-N-C-H の三級アミン構造]

1.3 共有結合の分極と水素結合

CHECK POINT

分極について

- 電気陰性度は原子が電子を原子核に引き付ける強さを示す尺度であり，その数値が大きいほど電子を原子核に引き付ける力は大きくなる。
- 電気陰性度は一般的に周期律表の右上に行くほど大きく，左下に行くほど小さくなる。
- 共有結合電子は原子間に均等にあるのではなく電気陰性度の大きな原子のほうに偏っている。これを双極子モーメントとよばれる矢印（小から大へ）で記す。
- 電子の偏りが顕著な場合，その偏りを $\delta^{\oplus}$, $\delta^{\ominus}$ を用いて示す。

水素結合について

- $\delta^{\oplus}$ と $\delta^{\ominus}$ に電荷分離した原子間には静電的な相互作用が生まれる。⇒水素結合

表 Pauling（ポーリング）の電気陰性度

H 2.1							
Li 1.0	Be 1.6	B 2.0	C 2.5	N 3.0	O 3.5	F 4.0	
Na 0.9	Mg 1.2	Al 1.5	Si 1.8	P 2.1	S 2.5	Cl 3.0	
K 0.8	Ca 1.0						

例題1.4

Paulingの電気陰性度をもとにC−H結合の電子の偏りを考察し，双極子モーメントを用い，この偏りを表現しなさい。

解 答

Paulingの電気陰性度の値　C：2.5＞H：2.1　水素原子よりも炭素原子の方が電子を引き付ける力が強い。これを双極子モーメントを用い表現すると以下のようになる。

C⟵——H

例題1.5

CH_3CH_2OH に $\delta^{\oplus}$，$\delta^{\ominus}$ を記入し，分子間の水素結合を点線で示しなさい。

解 答

電気陰性度の差 O≫H なので，電子は酸素側に強く引き付けられ O は $\delta^{\ominus}$，H は $\delta^{\oplus}$ となる。これにより，エタノール分子間には以下のような水素結合が生まれる。

CH_3CH_2-$\overset{\delta^{\ominus}}{O}$-$\overset{\delta^{\oplus}}{H}$ ⋯ $\overset{\delta^{\ominus}}{O}$-$\overset{\delta^{\oplus}}{H}$
            　　　　　　　CH_3CH_2

問 1.5

Paulingの電気陰性度をもとに次の原子間の結合の電子の偏りを双極子モーメントを用い表現しなさい。

1） C–N　2） C–Cl　3） H–F　4） P–O　5） S–O　6） P–Cl

解 答

1） C⟶N　2） C⟶Cl　3） H⟶F　4） P⟶O　5） S⟶O　6） P⟶Cl

問 1.6

次の化合物において分極の著しい骨格に $\delta^{\oplus}$，$\delta^{\ominus}$ を記入しなさい。また，各問いに従い水素結合を点線で記しなさい。

1） $H_3C-C(=O)-O-H$
　分子間水素結合

2） (構造式：ヒドロキシ基とアセチル基をもつシクロヘキサジエン)
　分子内水素結合

3） $H_3C-C(=O)-N(H)-CH_3$
　分子間水素結合

解 答

1) (構造式) 2) (構造式) 3) (構造式)

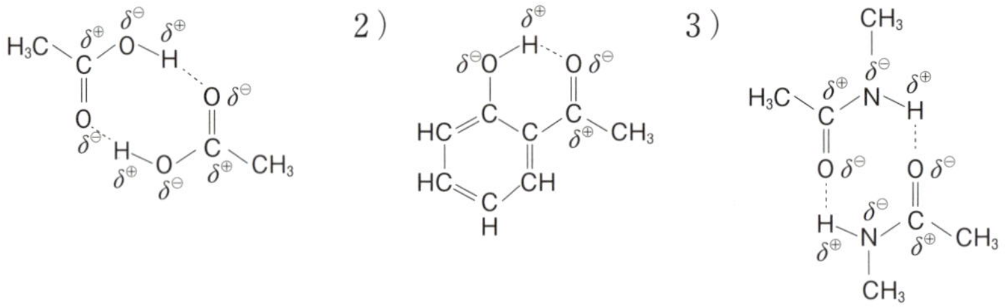

1.4 形式電荷

CHECK POINT

・結合の開裂もしくは形成により電子が移動することにより電子の数が変動し，原子が陽性もしくは陰性となる。この時発生する電荷を形式電荷という。

・陽子と電子数が同一のとき形式電荷はゼロ（電気的に中性）となり，陽子数が多いとき形式電荷はプラスとなり，電子数が陽子数よりも多いとき形式電荷はマイナスとなる。通常もともとの価電子数とその時の価電子数を比較することにより求める。

・もともとの価電子数については Lewis 構造を思い出してもらいたい。現在の価電子数については，孤立電子対は 2 個，不対電子および共有結合電子はそれぞれ 1 個と数え，その総数として求める。

例題1.6

オキソニウムイオン（$H_3O:$）中の酸素の形式電荷を求めなさい。

解 答

酸素原子のもともとの価電子数は 6 個

現在の価電子数について：孤立電子対 1 組（電子 2 個）＋共有結合 3 本（電子 3 個）

＝価電子数 5 個

⇒元の状態より電子が 1 個不足＝陽子数が電子数よりも 1 個多い→⊕と表記

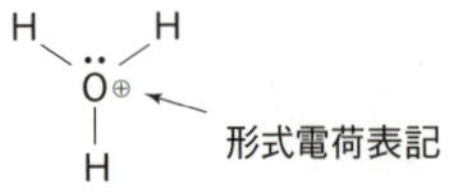

(H₃O⁺ 構造式) ← 形式電荷表記

問 1.7

次の化合物中の矢印で示した原子の形式電荷を求めなさい。形式電荷がゼロのものに

対しては 0 と表記しなさい（注：0 価は通常記さないがこの問いに限り記すこととする）。

1) :Ö:←
   HO–S–OH
       |
      :Ö:

2) :Cl:
   :Cl–Al–Cl:
       |
      :Cl:

3) CH₃
   H₃C–C
       |
       CH₃

4) CH₃
   H₃C–N:←
       |
       CH₃

解　答

1) :Ö:⁻
   HO–S²⁺–OH⁰
       |
      :Ö:⁻

2) :Cl:
   :Cl–Al⁻–Cl:⁰
       |
      :Cl:

3) CH₃
   H₃C–C⁺
       |
       CH₃

4) CH₃
   H₃C–N⁰
       |
       CH₃

1.5　結合の開裂と形成

CHECK POINT
- 1 本の共有結合は 2 個の電子から成り立っている。
- 共有結合の開裂は電子が 1 個ずつ分かれる開裂（ホモ開裂）と 2 個の電子が一方の原子に同時に移動する開裂（ヘテロ開裂）の 2 種類がある。
- 共有結合を形成するには電子を 1 個ずつ各原子が出し合い形成する方法（ホモ開裂の逆）と孤立電子対を空の軌道に与える方法（ヘテロ開裂の逆）の 2 種類がある。
- 電子の動きを表現する際，2 種の矢印を用い移動する電子の個数を区別する。

電子 2 個の移動（両矢印）　　電子 1 個の移動（片矢印）

例題1.7

次の結合生成反応および結合開裂を電子の動きを示す矢印を用いて記しなさい。

1) H H
    \\ //
     Ö⊕   ⟶   H–Ö̈–H + H⊕
     |
     H

2) HO—OH ⟶ HO· + ·OH

解　答

1) H H
    \\ //
     Ö⊕   ⟶   H–Ö̈–H + H⊕
     |
     H

2 個の電子が移動（ヘテロ開裂）するので両矢印を用いる

2） HO—OH ⟶ HO· + ·OH
1個の電子が移動（ホモ開裂）するので片矢印を用いる

例題1.8

次の結合開裂後の生成物を記しなさい。生成物には必要に応じて孤立電子対もしくは不対電子を点として記すとともに形式電荷を書き込みなさい。

1) $H_3C-\overset{CH_3}{\underset{CH_3}{\overset{|}{N}}}\!\!\!\overset{\oplus}{-}H \longrightarrow$

2) $H-\overset{H}{\underset{H}{\overset{|}{C}}}-H \quad ·Cl \longrightarrow$

解 答

1) $H_3C-\overset{CH_3}{\underset{CH_3}{\overset{|}{N}}}\!\!\!\overset{\oplus}{-}H \longrightarrow H_3C-\overset{CH_3}{\underset{CH_3}{\overset{|}{N}}}: + H^{\oplus}$
共有結合の2個の電子は窒素原子上に移動

2) $H-\overset{H}{\underset{H}{\overset{|}{C}}}-H \quad ·Cl \longrightarrow H-\overset{H}{\underset{H}{\overset{|}{C}}}· + H-Cl$
共有結合の2個の電子は1個は炭素上に移動し，もう1個はCl·との結合に用いられる

問 1.8

次の結合生成反応および結合開裂を電子の動きを示す矢印を用いて記しなさい。3) 以降は孤立電子対を省略してあるので注意すること。

1) $H_3C-\overset{CH_3}{\underset{CH_3}{\overset{|}{C}}}-\ddot{\underset{\cdot\cdot}{Cl}}: \longrightarrow H_3C-\overset{CH_3}{\underset{CH_3}{\overset{|}{\overset{\oplus}{C}}}} + :\ddot{\underset{\cdot\cdot}{Cl}}:^{\ominus}$

2) $:\ddot{Br}-\ddot{Br}: \longrightarrow :\ddot{Br}· + ·\ddot{Br}:$

3) $H_3C-N=N-CH_3 \longrightarrow CH_3· + N\equiv N + ·CH_3$

4) ベンゼン + $Cl^{\oplus} \longrightarrow$ アレニウムイオン（シクロヘキサジエニルカチオン）–Cl

5)

$H_2C-\underset{H}{\underset{|}{C}}-\overset{O}{\overset{\|}{C}}-CH_3 \longrightarrow H_2C=\underset{CH_3}{\overset{O^{\ominus}}{C}} + H^{\oplus}$

解答

1) $H_3C-\underset{\underset{CH_3}{|}}{\overset{\overset{CH_3}{|}}{C}}-\ddot{\underset{\cdot\cdot}{Cl}}: \longrightarrow H_3C-\underset{\underset{CH_3}{|}}{\overset{\overset{CH_3}{|}}{C^{\oplus}}} + :\ddot{\underset{\cdot\cdot}{Cl}}:^{\ominus}$

2) $:\!\ddot{Br}\!-\!\ddot{Br}\!: \longrightarrow :\!\dot{Br}\!: + \cdot\ddot{Br}\!:$

3) $H_3C-N=N-CH_3 \longrightarrow CH_3\cdot + N\equiv N + \cdot CH_3$

4) (ベンゼン環 + $Cl^{\oplus}$ → アレニウムイオン中間体 with Cl)

5) $H_2C-\underset{H}{\underset{|}{C}}-\overset{O}{\overset{\|}{C}}-CH_3 \longrightarrow H_2C=\underset{CH_3}{\overset{O^{\ominus}}{C}} + H^{\oplus}$

1.6 酸と塩基

CHECK POINT

- Brönsted-Lowry（ブレンステッド-ローリー）の定義では，酸はプロトン（$H^{\oplus}$）を放出するもの，塩基はプロトン（$H^{\oplus}$）を受容するもの（孤立電子対を有する）と定義されている。
- Brönsted-Lowry の定義は相対的なものであり，ある時に酸と定義できたとしても，相手が変わると塩基として定義されるものもある
- Lewis の定義では，酸は孤立電子対受容体（空の軌道を持つもの），塩基は孤立電子対供与体（孤立電子対を持つもの）と定義されている。
- Lewis の定義が酸－塩基の定義としては最も適応範囲が広い定義である。

問 1.9

エタノールは，硫酸などの強酸に対しては塩基として振る舞い，水素化ナトリウムの

ような強い塩基には酸としてふるまう。これを Brönsted-Lowry の定義をもとに説明しなさい。

解 答

CH_3CH_2OH は酸素原子上に孤立電子対を有しており，これはプロトンと結合を作る能力を有する。したがって，強酸に対してはプロトン受容体すなわち塩基としてふるまう。また，－O－H は分極した構造にあり，比較的プロトンを放出しやすい。したがって，強い塩基に対しては酸としてふるまう。

問 1.10

次の条件にある化合物を次の化合物群から選びなさい。

塩化亜鉛，水酸化ナトリウム，アンモニア，酢酸，硫酸，塩化アルミニウム，三フッ化ホウ素，食塩，硝酸，酢酸ナトリウム，塩化アンモニウム

1) Brönsted-Lowry の定義では定義できない Lewis 酸
2) 水に対して塩基として働く化合物
3) 水に対して酸として働く化合物

解 答

1) 塩化亜鉛，塩化アルミニウム，三フッ化ホウ素
   （プロトンを持たないが空軌道を持つ化合物）
2) 水酸化ナトリウム，アンモニア，酢酸ナトリウム
3) 塩化亜鉛，酢酸，硫酸，塩化アルミニウム，三フッ化ホウ素，硝酸

2　有機化合物の表現法とアルカン

2.1　有機化合物の表現法

CHECK POINT

・炭素原子は4本の結合を形成し，水素原子は1本の共有結合を形成する。
・共有結合を線で表現する表現法を線結合式という。
・$CH_3CH_2CH_3$のように結合をなるべく省略し1つの炭素ごとにまとめた構造式を縮合構造式という。
・ジグザグ鎖を用い炭素骨格を表現する方法を骨格構造式という。この構造式では，炭素は各頂点に位置していると考え，水素原子は原則省略されるが，酸素原子，窒素原子などその他の骨格（原子）は省略しない。
・分子式は同一だが，異なる構造式を有する化合物を構造異性体という。

例題2.1

指示に従い各問の構造式を他の表現法に直しなさい。

1）　縮合構造式に直しなさい。

2）　骨格構造式に直しなさい。

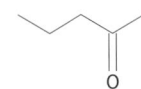

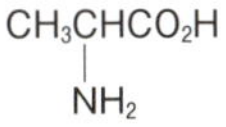

3）　線結合式に直しなさい。

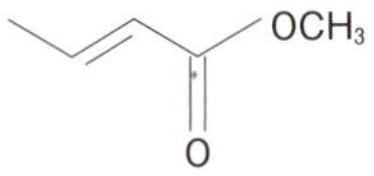

解 答

1) CH₃CH₂CH₂COCH₃ または CH₃CH₂CH₂CCH₃
                                           ‖
                                           O

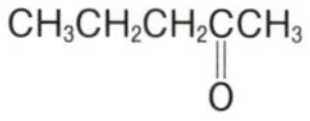

2) 構造式：アラニン（CH₃CH(NH₂)COOH） または CH₃CH(NH₂)CO₂H

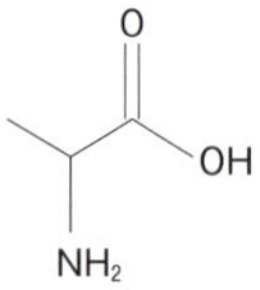

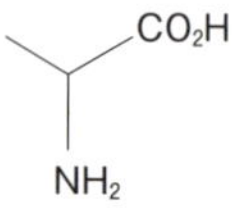

3) CH₃-CH=CH-C(=O)-O-CH₃ の構造式

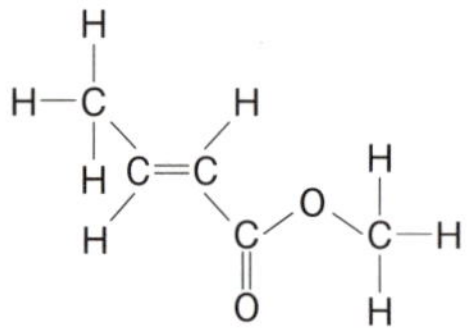

例題2.2

分子式 C_4H_{10} からなる化合物を線結合式，縮合構造式，骨格構造式の三種類で表現しなさい．考えられるすべてを示すこと．

解 答

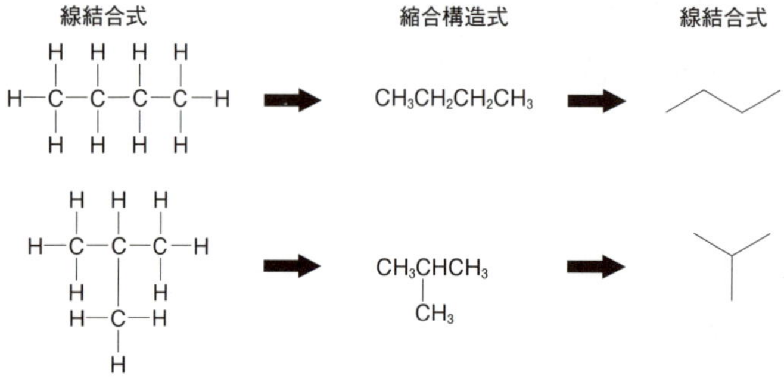

線結合式 → 縮合構造式 → 線結合式

CH₃CH₂CH₂CH₃ (n-ブタン)

CH₃CHCH₃
    |
    CH₃ (イソブタン)

問 2.1

次の構造式を指定の書き方に直しなさい．

1) シクロペンタジエン構造　骨格構造式に直しなさい

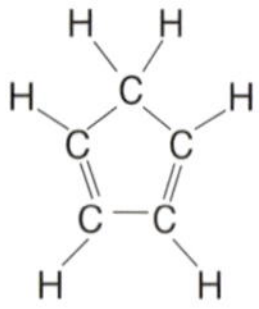

2) CH₃COCH₂C≡CCHCHO　骨格構造式に直しなさい
           |
           Cl

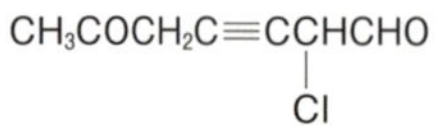

3) C₆H₅-C(=S)-NH-CH₃　線結合式に直しなさい

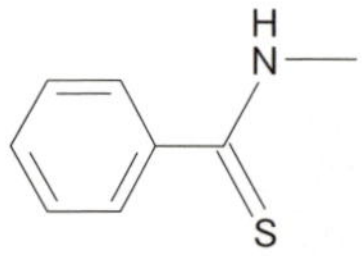

解　答

1）
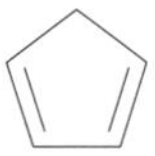

2）
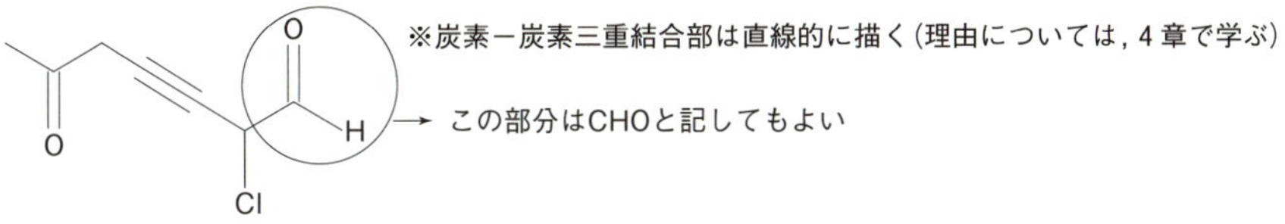
O
O
H
Cl
※炭素－炭素三重結合部は直線的に描く（理由については，4章で学ぶ）
この部分はCHOと記してもよい

3）
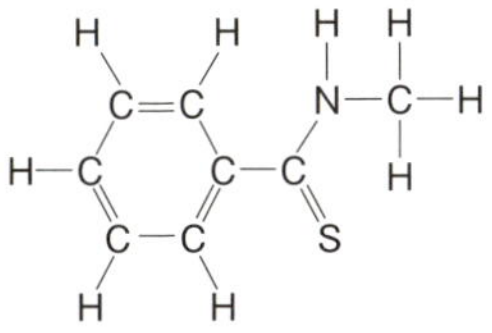

問 2.2

分子式 $C_4H_{10}O$ からなる化合物の骨格構造式を考えられるだけ書きなさい。

解　答

わからない場合には，まずは線結合式を書いて考えるとよい。考えられる線結合式は以下の通りとなる。

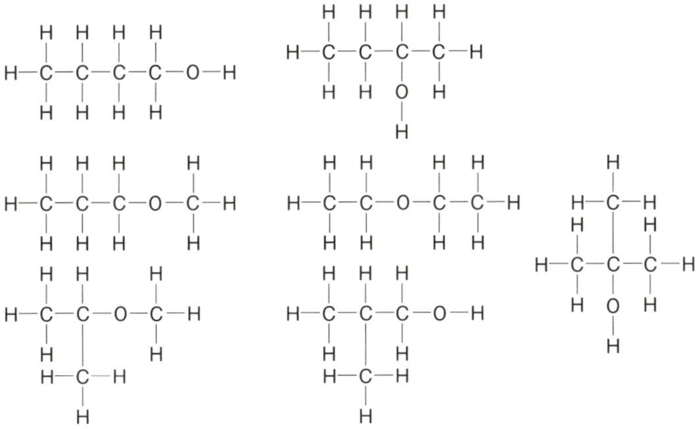

これらを骨格構造式に直すと以下のようになる。

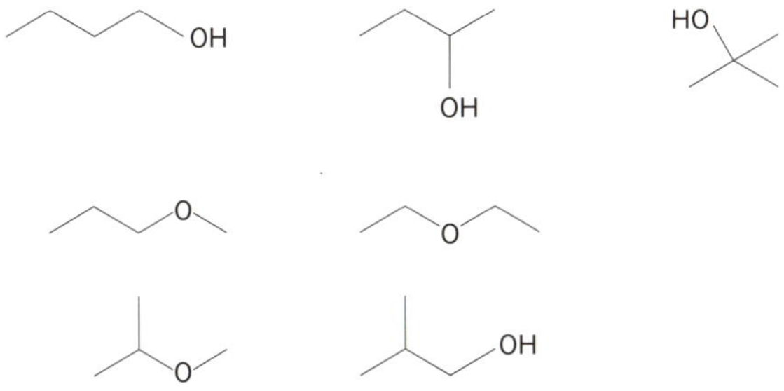
OH
OH
HO
O
O
O
OH

2.2　アルカンの名称と性質（沸点，水への溶解性を中心に）

CHECK POINT

名称について

- 飽和炭化水素は，炭素－炭素単結合と炭素－水素結合のみからなる化合物のことであり，アルカンともいう。
- アルカンの名称は，様々な有機物の名称の基本となるので，炭素数1〜12までのアルカン名｛methane（メタン），ethane（エタン），propane（プロパン），butane（ブタン），pentane（ペンタン），hexane（ヘキサン），heptane（ヘプタン），octane（オクタン），nonane（ノナン），decane（デカン），undecane（ウンデカン），dodecane（ドデカン）｝は，カタカナ表記だけではなく英語名でも覚えること。
- 環状アルカンの名前は，同一炭素数のアルカンの名前の前に cyclo（シクロ）を付けて表す。

性質（沸点，水への溶解性）について

- 沸点は，分子量の大きさ，分子間力と関係があり，分子量が大きいほど，分子間力が強いほど高くなる。水素結合は大きな分子間力の1つである。
- 立体的な混みあいなど分子が整列しにくい要因は，沸点を低くする。
- 水への溶解性は分子の極性によって決まる。極性分子（分極構造を持つ分子）は極性分子である水との親和性が高まるため溶解しやすい。

例題2.3

炭素数5のアルカン名を英語名，和名で記しなさい。また，炭素数5の環状アルカン（5員環アルカン）名を英語名，和名で記しなさい。（注意！　この設問は，炭素数1〜12のアルカン名をしっかり覚えてから取り組むこと）

解　答

炭素数5の鎖状アルカン…英語名：pentane，和名：ペンタン

炭素数5の環状アルカン…英語名：cyclopentane，和名：シクロペンタン

例題2.4

メタノール（CH_3OH）とエタノール（CH_3CH_2OH）の沸点はどちらが高いと予想されるかを答えなさい。また，あわせてその理由も述べなさい。

解　答

エタノールの方が，沸点が高い。

沸点は，分子量が大きく，分子間力が強いほど沸点が高くなる。メタノール，エタノ

ールともにヒドロキシ基（OH）を有しており，ともに水素結合性化合物であることから，分子間力はあまり変わらないと推測できる。一方，分子量についてはエタノールの方がメタノールよりも14大きい。この分子量の差により，エタノールの方が高沸点になると考えられる。

問 2.3

次の炭素数のアルカンの和名，英語名を記しなさい。また，その炭素数の環状アルカン名を和名および英語名で記しなさい。ただし，環状アルカンになりえないものもあるのでその場合環状アルカン名は記す必要がない。

 1) 炭素数2　 2) 炭素数8　 3) 炭素数3　 4) 炭素数11
 5) 炭素数6

解　答

 1) エタン（ethane）
 2) オクタン（octane），シクロオクタン（cyclooctane）
 3) プロパン（propane），シクロプロパン（cyclopropane）
 4) ウンデカン（undecane），シクロウンデカン（cycloundecane）
 5) ヘキサン（hexane），シクロヘキサン（cyclohexane）

問 2.4

次の化合物の沸点は以下のとおりである。この違いの原因を考察しなさい。

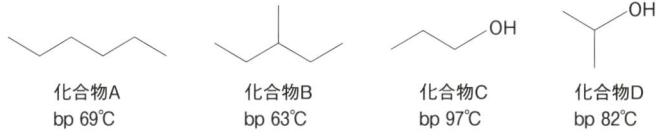

化合物A　　　化合物B　　　化合物C　　　化合物D
bp 69℃　　　bp 63℃　　　bp 97℃　　　bp 82℃

解　答

化合物AとB，化合物CとDの分子量はそれぞれ86.2および60.1である。分子量だけから考えると化合物AとBの方がCとDよりは高くなると推定されるが実際は化合物CとDの方が，高い沸点を有している。CとDはヒドロキシ基（OH）を有しており，これによる分子間水素結合の存在が，分子量が低いにもかかわらず高い沸点を有する理由である。

　AとB，CとDの間の違いはAとCは直鎖状化合物であるのに対して，BとDは分岐状化合物であるということである。分岐状化合物は分子間力が直鎖状化合物に比べ小さいために沸点は低下する。BとDが対応するAとCに比べ沸点が低いのはこのためである。

問 2.5

メタノール（CH_3OH）は水に溶けるが，この炭素鎖部分が長くなると水に溶けにくくなる。この理由を説明しなさい。

解 答

メタノールのヒドロキシ基（OH）は極性基であり，水と水素結合を形成する能力があり，この骨格があると水に溶媒和（取り囲まれる）されやすくなる。しかしながら，炭素鎖の部分が長くなると炭素鎖は非極性骨格で疎水性であるため水からの溶媒和を妨げることになる。これにより，炭素が長くなるにつれ水に溶けにくくなる。

2.3 アルカンの反応

CHECK POINT
- アルカンは反応性の乏しい有機化合物の1つである。
- アルカンは古くから燃料として用いられており，主な反応は燃焼反応（酸素と結びつき水と二酸化炭素を生成）である。
- 化学反応が進行するためには活性化エネルギーと言われるエネルギー障壁を越えなければいけない。
- 生成物が出発物質よりも安定である場合，その反応は発熱反応である。燃焼反応が熱や光を発するのはこのためである。この逆反応が吸熱反応。
- アルカンは反応しにくい物質であるためアルカンの反応にはラジカル反応が用いられる。
- ハロゲンラジカルは，光（紫外線；$h\nu$）によりハロゲンの共有結合がホモ開裂することにより発生する。
- ラジカル反応は不対電子が，連鎖的に原子を引き抜くことにより進行する。

例題2.5

エタンの燃焼反応式を完成させなさい。

解 答

$$CH_3CH_3 + 7/2\,O_2 \longrightarrow 2CO_2 + 3H_2O$$

$7/2\,O_2$ ↑ CO_2+H_2Oに含まれる酸素数になるように

$2CO_2$ エタンの炭素数　$3H_2O$ エタンの水素数/2

例題2.6

反応座標を用い，吸熱反応について説明しなさい。

解　答

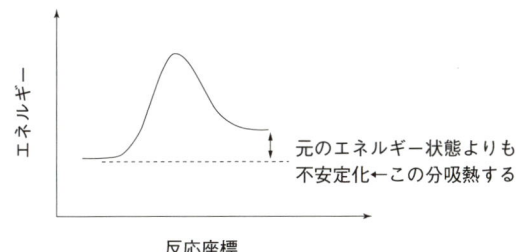

例題2.7
次のラジカル反応の機構を，矢印を用い記しなさい。
1）臭素が光（紫外線）によりホモ開裂する反応
2）臭素ラジカルが，メタンから水素原子を引き抜く反応

解　答

1）

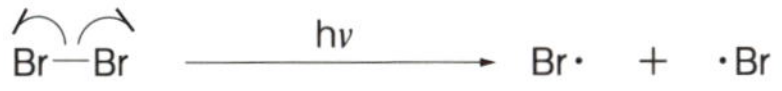

Br—Br $\xrightarrow{h\nu}$ Br・ ＋ ・Br

2）

Br・　H—CH$_3$ $\longrightarrow$ Br—H ＋ ・CH$_3$

問 2.6
アルカンの燃焼式をアルカンの一般式を用い完成させなさい。

解　答

C_nH_{2n+2} ＋ $(3n+1)/2\,O_2$ $\longrightarrow$ nCO_2 ＋ $(n+1)H_2O$

↑ CO$_2$＋H$_2$Oに含まれる酸素数になるように

↑ アルカンの炭素数　↑ アルカンの水素数/2

問 2.7
アルカンを燃焼させる際，着火が必要となる理由を，反応座標をもとに説明しなさい。また，いったん着火すると自発的に燃焼が持続する理由も合わせて説明しなさい。

解　答

エネルギー
アルカン
+O2
活性化エネルギー
CO2+H2O
安定化した余剰エネルギーが
熱や光として放出される
反応座標

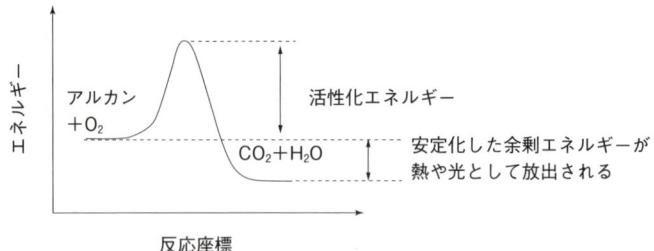

反応を進行させるためには初めに活性化エネルギーを越えなければならない。着火はこのエネルギーを与える作業となる。燃焼反応は発熱反応であるため反応の進行によりエネルギーが放出されることとなる。この放出エネルギーにより活性化エネルギーを超えることができるため，いったん燃焼が始まると燃焼が持続することとなる。

問　2.8

エタンと臭素との光ラジカル反応を段階的に反応機構として記しなさい。この際，電子の動きを記した矢印を用いること。

解　答

Br—Br
hν
Br·　+　·Br
臭素の光分解
Br·　H—CH2CH3
Br—H　+　·CH2CH3
臭素ラジカルによる
水素原子の引き抜き
Br—Br　·CH2CH3
Br·　+　Br-CH2CH3
炭素ラジカルによる
臭素原子の引き抜き

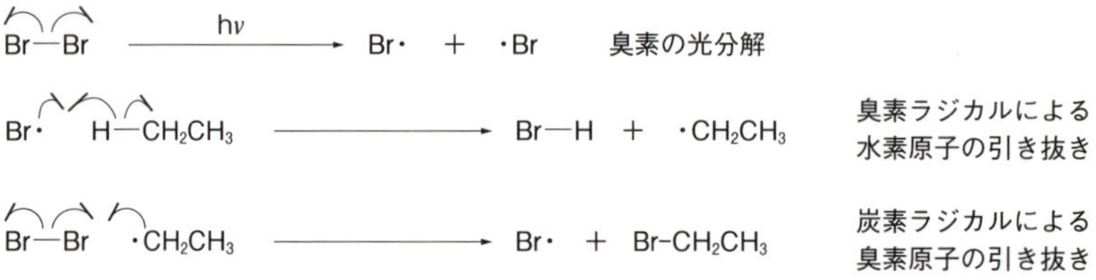

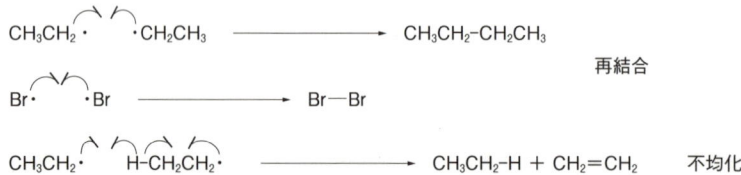

問　2.9

前問の反応機構では，発生したラジカル濃度は維持されるように感じるが実際は光を照射し続けないとラジカル濃度は低下する。このラジカル濃度の低下にかかわる反応をすべて書きなさい。

解　答

CH3CH2·　·CH2CH3
CH3CH2-CH2CH3
再結合
Br·　·Br
Br—Br
CH3CH2·　H-CH2CH2·
CH3CH2-H + CH2=CH2
不均化

ラジカル同士による再結合と不均化（同一の二分子から異なる二分子が生成する反応）が起こる（電子の動きを見て理解しよう！）。

2.4 アルカンの立体構造

CHECK POINT

sp³混成軌道と正四面体構造
- アルカンの炭素はs軌道1個とp軌道3個が混成したsp³混成軌道を有しており，これによりアルカンは炭素を中心とした正四面体構造となる。
- 混成軌道により形成される結合はσ結合といい，これは安定で強い結合である。
- 構造式を立体的に示す場合，紙面上にある結合を実線で，紙面の奥にある結合を点線クサビで，手前にある結合をクサビで示す。

立体配座と配座異性体
- 原子の回転により生ずる立体的な配置を立体配座という。
- 単結合は自由回転することができ，込み合いが少ない立体構造が最安定化構造である。
- 配座の違いによる異性体を配座異性体という。
- 配座異性体の表現法として，注目している結合軸の方向から眺めた投影式をNewman（ニューマン）投影式という。
- シクロヘキサンにおいても立体的な混み合いを避けた立体構造が安定であり，イス形構造がシクロヘキサンの立体構造として最も安定である。
- シクロヘキサンのイス形構造において水平方向に伸びた結合をエクアトリアル位といい，垂直方向の結合をアキシアル位という。
- 同一方向に伸びたアキシアル位は立体的に近距離に位置するため立体反発の原因となる。このためアキシアル位に大きな置換基が位置する場合，もう1つのイス形構造に変わり，大きな置換基はエクアトリアル位に移動する。

問 2.10

メタンの中心炭素の電子軌道を箱型モデルで示し，メタンが炭素原子を中心とした正四面体構造を有している理由を説明しなさい。

解 答

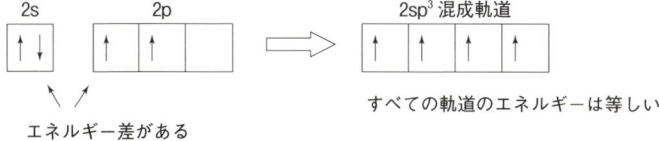

上図のように，sp³混成軌道は4個のエネルギー的に等しい軌道となり，ここに一個ずつ炭素由来の電子が収容される。この電子により4本の共有結合が形成される。この結合はエネルギー的に等しいために空間に均等に配置される。この場合，平面構造（結

合角90°）と炭素を中心とした正四面体構造（109.5°）が考えられるが，電子同士の反発があるためそれぞれがなるべく遠ざかるように配置される。そのため，メタンは平面構造ではなく炭素を中心とした正四面体構造となる。

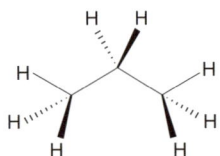

問 2.11

プロパンを立体的に示しなさい。その際，炭素鎖をジグザグ鎖として示し，各炭素に結合している水素原子を立体的に示しなさい。

解　答

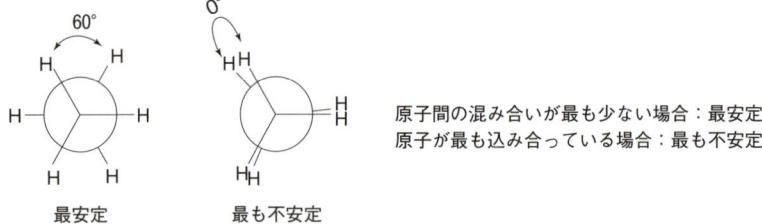

例題2.8

エタンの立体構造の最安定化構造と最も不安定な構造を，Newman 投影式を用いて記しなさい。

解　答

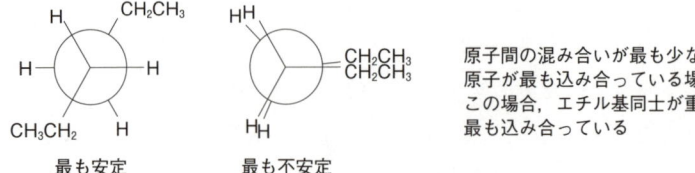

原子間の混み合いが最も少ない場合：最安定
原子が最も込み合っている場合：最も不安定

問 2.12

ヘキサンを C3–C4 で回転させた配座異性体で最も安定な構造と，最も不安定な構造を Newman 投影式で描き，そう判断した理由を説明しなさい。

解　答

原子間の混み合いが最も少ない場合：最も安定
原子が最も込み合っている場合：最も不安定
この場合，エチル基同士が重なった重なり型が最も込み合っている

例題2.9

次の化合物をイス形で示しなさい。その際，矢印で示した骨格がアキシアル位にある構造とエクアトリアル位にある構造の2つを示し，どちらが安定かを記しなさい。

解　答

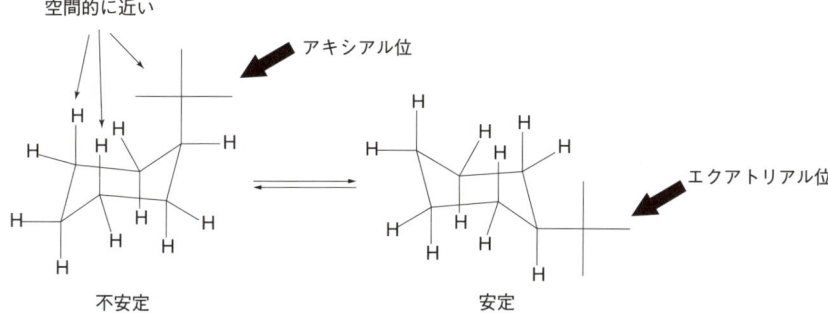

問 2.13

次の化合物のどちらが安定かを考察しなさい。考察するためにイス形模型を描くとよい。

解　答

　トランス体の場合，配座異性体AとBが考えられるがAは2つの骨格がアキシアル位にありかなり不安定，これに対してBは2つの骨格がすべてエクアトリアル位にあるため安定である。シス体の場合は，どちらか一方がエクアトリアル位に位置するともう一方は必ずアキシアル位に位置するため，安定な配座を取ることはできない。よって，Bの配座を有するトランス体が最も安定である。本文とあわせて下図を参照のこと。

24

トランス体の場合

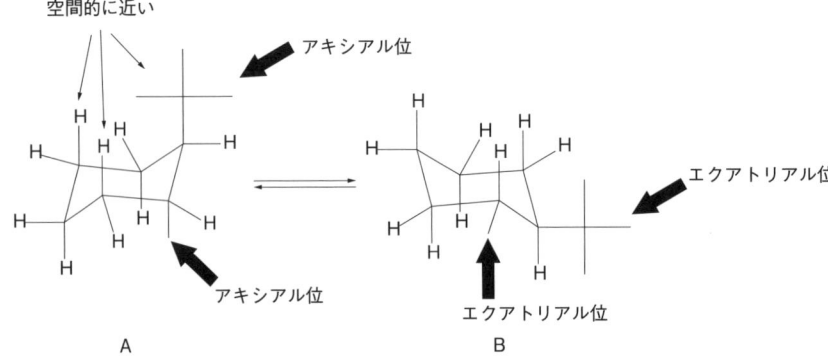

A   B

シス体の場合

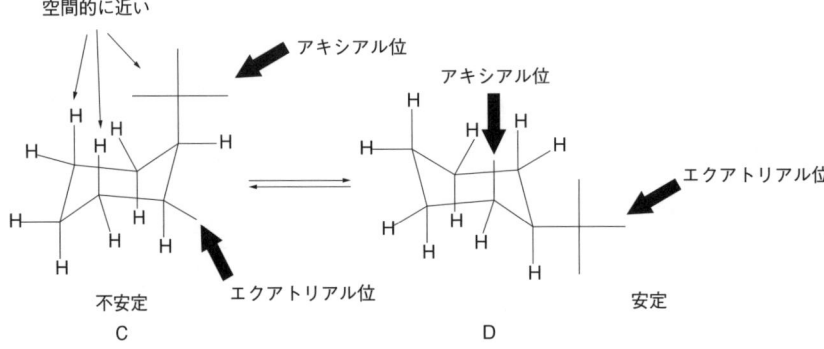

不安定   安定
C   D

3 化合物の分類とIUPAC命名法

3.1 官能基による化合物の分類

CHECK POINT
- 化合物の特性に関係するような原子団のことを官能基という。
- 化合物は官能基により分類される。問題に進む前に各官能基の骨格と一般名を整理して覚えておこう！

問 3.1

次の表を完成させなさい。

一般名 英語名と和名	官能基名 英語名と和名	官能基の構造
例：alkene アルケン	C−C double bond C−C 二重結合	$\rangle$C=C$\langle$
		−C≡C−
	hydroxy group ヒドロキシ基	
Ketone（alkanone） ケトン		
		−CHO
carboxylic acid（alkanoic acid） カルボン酸		
	carbamoyl group カルバモイル基	
ester（alkyl alkanoate） エステル		
acid anhydride 酸無水物	−	
	−	−COX
	amono group アミノ基	
	−	C−O−C

解答

一般名 英語名と和名	官能基名 英語名と和名	官能基の構造
例：alkene アルケン	C−C double bond C−C 二重結合	$>C=C<$
alkyne アルキン	C−C triple bond C−C 三重結合	$-C\equiv C-$
alcohol (alkanol) アルコール	hydroxy group ヒドロキシ基	$-OH$
ketone (alkanone) ケトン	carbonyl group カルボニル基	$>C=O$
aldehyde (alkanal) アルデヒド	Formyl group ホルミル基	$-CHO$
carboxylic acid (alkanoic acid) カルボン酸	carboxy group カルボキシ基	$-CO_2H$
amide (alkanamide) アミド	carbamoyl group カルバモイル基	$-CON<$
ester (alkyl alkanoate) エステル	alkoxycarbonyl group アルコキシカルボニル基	$-COOC-$
acid anhydride 酸無水物	−	$(-CO)_2O$
acyl halide (alkanoyl halide) 塩化アシル	−	$-COX$
amine アミン	amino group アミノ基	$-N<$
ether エーテル	−	$C-O-C$

3.2 慣用名と IUPAC 命名法

CHECK POINT

- アルカンの名前を基本とし，語尾変化により炭素数，各官能基を表現することによりシステム化された命名法を IUPAC 命名法という。官能基ごとに語尾をどのように変化させるかを事前にしっかり覚えてから問題に取り組んでもらいたい。
- 直鎖状アルカンの H が他の骨格に置き換わっている場合，その骨格を置換基という。
- 倍数接語は置換基の個数を表現法である。1〜10個までを表現する倍数接語を覚えよう。
- ハロゲンなどのように，有機化合物によく見られる置換基名を書き出して覚えよう。
- 命名において主基になりえる官能基は1個である。したがって，1つの化合物中に複数の官能基が存在する場合，どれが主基かを判断しなければならない。主基の優先順位を覚えておこう。
- 慣用名は IUPAC 名と異なり規則性の少ない名前である。したがって，工業的に汎用に用いられる化合物の慣用名については覚える必要がある。先に覚えてから

3章 化合物の分類と IUPAC 命名法

問題に取り組もう。

問 3.2

各官能基を含んだ炭素数4個の化合物名（英語名と和名）および構造を記しなさい。ただし，炭素は直鎖状に並んでいるものとする。詳しい命名法は後で練習するのでここでは<u>語尾変化</u>を記すのみでよい。したがって，<u>官能基の位置は特に指定しない</u>こととする。少し難しい問題もあるが，ここで名前を変化させる基本を習得してもらいたい。

一般名	化合物名	構造式
例：alkene アルケン	butene ブテン	（構造式）
alkyne アルキン		
alcohol (alkanol) アルコール		
ketone (alkanone) ケトン		
aldehyde (alkanal) アルデヒド		
carboxylic acid (alkanoic acid) カルボン酸		
amide (alkanamide) アミド		
ester (alkyl alkanoate) エステル		アルキルはRとして示しなさい
acid anhydride 酸無水物		酸無水物の両方の骨格を C4 として考える
acyl halide (alkanoyl halide) 塩化アシル		ハロゲン部はXとして示しなさい
amine アミン		
ether エーテル		エーテルの両方の骨格は両方ともC4として考える

解 答

一般名	化合物名	構造式
例：alkene アルケン	butene ブテン	（構造式）
alkyne アルキン	butyne ブチン	三重結合は直線的に！
alcohol (alkanol) アルコール	butanol ブタノール	～～OH
ketone (alkanone) ケトン	butanone ブタノン	（C=O構造）
aldehyde (alkanal) アルデヒド	butanal ブタナール	～CHO
carboxylic acid (alkanoic acid) カルボン酸	butanoic acid ブタン酸	～CO_2H

amide (alkanamide) アミド	butanamide ブタンアミド	~~~CONH$_2$
ester (alkyl alkanoate) エステル	alkyl butanoate ブタン酸アルキル	~~~CO$_2$R
acid anhydride 酸無水物	butanoic anhydride ブタン酸無水物	~~~C(O)O(O)C~~~
acyl halide (alkanoyl halide) 塩化アシル	butanoyl halide ハロゲン化ブタノイル	~~~COX
amine アミン	butylamine ブチルアミン	~~~NH$_2$
ether エーテル	dibutyl ether ジブチルエーテル	~~~O~~~

問 3.3

置換基名を倍数接語と組み合わせて英語および日本語で表現しなさい。

例 －Cl 4個…tetrachloro テトラクロロ

1) －NO$_2$ 2個　　2) －Br 3個　　3) －F 5個　　4) －I 8個

5) －OH 2個　　6) －NH$_2$ 4個

解　答

1) dinitro　ジニトロ　　2) tribromo　トリブロモ

3) pentafluoro　ペンタフルオロ　　4) octaiodo　オクタヨード

5) dihydroxy　ジヒドロキシ　　6) tetraamino　テトラアミノ

問 3.4

次の化合物の慣用名（英語名および日本語名）を答えなさい。

1) (acetone)　2) (toluene)　3) (tetrahydrofuran)　4) (formaldehyde)

5) HO—CH$_2$CH$_2$—OH

解　答

1) acetone　アセトン　　2) toluene　トルエン

3) tetrahydrofuran　テトラヒドロフラン

4) formaldehyde　ホルムアルデヒド

5) ethylene glycol　エチレングリコール

問 3.5

次の慣用名をもつ化合物の構造式を英語名とともに記しなさい。

1) クロロホルム　2) グリセリン　3) メタクリル酸メチル

4) 酢酸　5) プロピレン　6) アセチレン　7) イソプレン

8) N,N-ジメチルホルムアミド

解 答

1) CHCl₃
   chloroform

2) HO－CH₂－CH(OH)－CH₂－OH
   glycerine

3) CH₂=C(CH₃)－CO₂CH₃
   methyl methacrylate

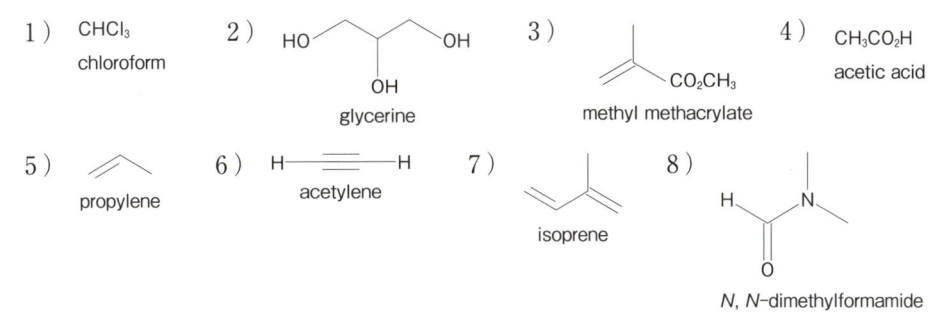

4) CH₃CO₂H
   acetic acid

5) CH₂=CH－CH₃
   propylene

6) H－C≡C－H
   acetylene

7) CH₂=C(CH₃)－CH=CH₂
   isoprene

8) H－C(=O)－N(CH₃)₂
   N,N-dimethylformamide

3.3　飽和炭化水素と不飽和炭化水素の命名と命名の基礎

CHECK POINT

飽和炭化水素と不飽和炭化水素の命名

・炭素と水素のみからなる化合物を炭化水素という。炭化水素には2章で学んだ飽和炭化水素と不飽和結合（二重結合，三重結合）を含んだ不飽和炭化水素がある。

・炭化水素の置換基のことをアルキル基といい，アルキル基名は同じ炭素数のアルカン名の ane を yl に変えることにより命名することができる。しかし，分岐アルキル基名をこの方法により命名することは複雑であるため，よく見られる分岐アルキル基名については覚える必要がある。

・アルカンの ane の部分は，炭素鎖の飽和，不飽和を区別するために用いられる。炭素鎖に二重結合が含まれる場合には，ane を ene に変え，三重結合が含まれる場合には ane を yne に変え不飽和な骨格を含んでいることを示す。

命名の基礎

・命名は次の手順で行う（ここでは炭化水素の命名のみを記す）。
　1）炭素鎖に不飽和結合の有無を確認する。
　2）不飽和結合がない場合，最も長い炭素鎖を探す（環状の場合もあり）。不飽和結合が含まれる場合には，不飽和結合を含んだ最も長い炭素鎖を探す。この炭素鎖数から主鎖名を命名する。
　3）飽和炭化水素の場合，初めの分岐部の位置番号が小さくなるように番号をふる。不飽和結合を含む場合には不飽和結合の初めの炭素の番号が小さくなるように位置番号をふる。
　4）置換基の名前を確認する。
　5）次の順に置換基名，位置番号，主鎖名を配置する。置換基の位置番号＋置換基名＋不飽和結合炭素の位置番号（飽和の場合は不要）＋主鎖名，置換基が複数の場合は，位置番号＋置換基名を置換基のアルファベット順に配置

する。同じ置換基の場合は倍数接語を用いまとめる。位置番号と名前のアルファベットの間は原則ハイフンで仕切る。

6) 二重結合においては立体を表記する必要がある場合があり，三置換以上の場合には *E*, *Z* 表示にて，単純な二置換の場合には *cis*, *trans* を用い立体構造を表現する。この立体表記は名前の一番先頭に置く。立体表記を考えるにあたっては，Cahn-Ingold-Prelog（カーン-インゴルド-プレローグ）法を理解しなければいけない。

多重結合が複数ある場合の扱いについて

1) 同種の多重結合が複数ある場合

その個数を倍数接語で表現する。二重結合2個の場合⇒ diene，この場合 ane のすべてを変えるのではなく，a を残して残りを diene に変える。炭素数が7個で，二重結合が2個の場合⇒ hex<u>a</u>diene とする。例は二重結合であるが，三重結合複数の場合も同様。

2) 二重結合と三重結合が混在する場合

まずは二重結合を含む名前を付ける。ついで，最後の e を，三重結合を意味する yne に変える。この際，二重結合の位置番号は主鎖名の直前に，三重結合の位置番号は yne の直前に置く。例：3-nonen-1-yne

---

例題3.1

次の2種の化合物の IUPAC 名を英語名ならびに和名で示しなさい。

1) 2)

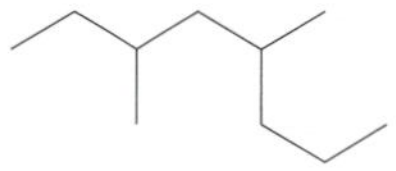

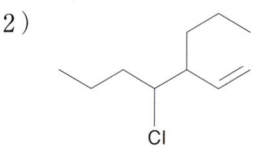

解 答

1)

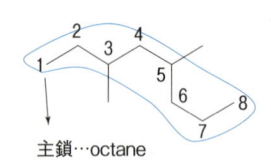

主鎖…octane

1. 一番長い炭素鎖を探す。
   →飽和炭化水素，主鎖の炭素数8
   ⇒主鎖名：octane
2. 置換基：炭素数1のアルキル methane→methyl
3. 位置番号は右からより左からのほうが初めの分岐の番号が小さくなるので左から番号を付ける。
4. 置換基の位置番号＋置換基名＋主鎖名の順に並べる。
5. この場合，置換基がメチルのみなので倍数接語を用いてまとめる。

3,5-dimethyloctane（3,5-ジメチルオクタン）

2)

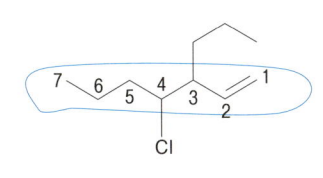

1. 二重結合を含んだ不飽和炭化水素
2. 二重結合を含んだ最も長い鎖が主鎖，炭素数7，…1-heptene
3. 二重結合は右から数えたほうが番号が小さくなるので右から番号をふる。
4. 置換基の位置番号＋置換基名＋主鎖名の順に並べる。
5. 置換基はpropylとchloroである。命名の際にはアルファベット順に並べる。

4-chloro-3-propyl-1-heptene（4-クロロ-3-プロピル-1-ヘプテン）

例題3.2

二重結合部の立体を含めて次の化合物を IUPAC 名（英語名）で命名しなさい。

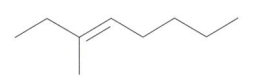

解 答

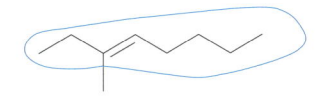

E 体 ⇒ これを含めて命名すると (E)-3-methyl-3-octene となる（カッコを忘れずに！）

例題3.3

多重結合を複数含む次の化合物を IUPAC 名（英語名）で命名しなさい。立体も含めること。

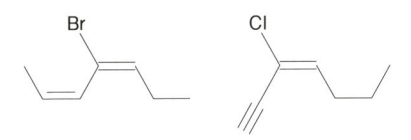

解 答

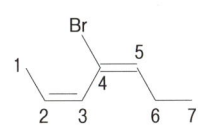

(2Z,4E)-4-bromo-2,4-heptadiene   (3E)-3-chloro-3-hepten-1-yne

問 3.6

次の化合物の IUPAC 名を英語名ならびに和名で示しなさい。

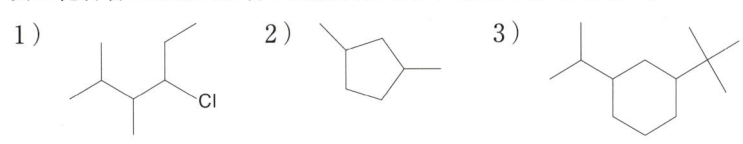

1)   2)   3)

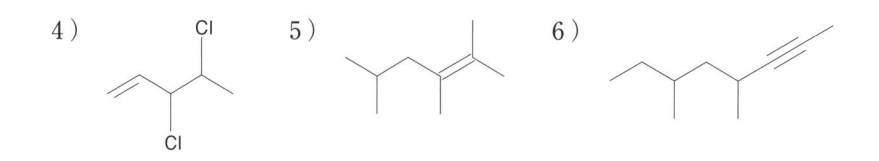

4) [構造式: CH₂=CH-CH(Cl)-CH(Cl)-CH₃] 5) [構造式: (CH₃)₂CH-CH=C(CH₃)-CH₃ 型の分枝アルケン] 6) [構造式: CH₃CH₂-CH(CH₃)-CH₂-CH(CH₃)-C≡C-H 型]

解　答

1) 4-chloro-2,3-dimethylhexane　　4-クロロ-2,3-ジメチルヘキサン
2) 1,3-dimethylcyclopentane　　1,3-ジメチルシクロペンタン
3) 1-*t*-butyl-3-isopropylcyclohexane　　1-*t*-ブチル-3-イソプロピルシクロヘキサン

   分岐アルキル基名の isopropyl の名称上の頭文字は i であり，*t*-butyl の名称上の頭文字は b である（*t*-は分岐状態を示す記号であり名称ではない）。

4) 3,4-dichloro-1-pentene　　3,4-ジクロロ-1-ペンテン
5) 2,3,5-trimethyl-2-hexene　　2,3,5-トリメチル-2-ヘキセン
6) 4,6-dimethyl-2-octyne　　4,6-ジメチル-2-オクチン

問 3.7

次の化合物の IUPAC 名を英語名ならびに和名で示しなさい。立体表記が必要な問いもあるので注意すること。

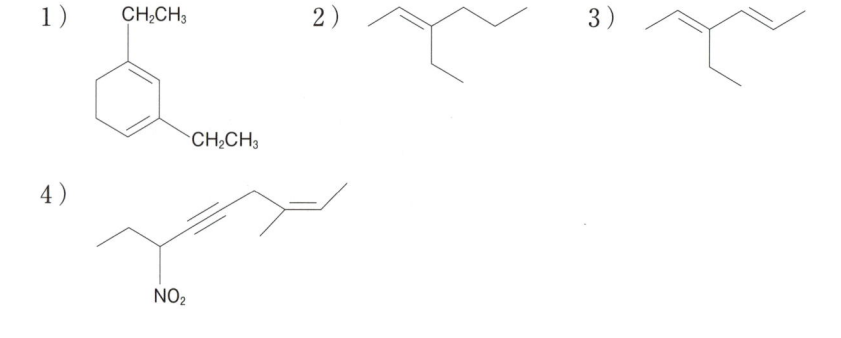

1) [構造式: 1,3-ジエチル-1,3-シクロヘキサジエン]　2) [構造式]　3) [構造式]

4) [構造式: NO₂ 基をもつ化合物]

解　答

1) 1,3-diethyl-1,3-cyclohexadiene　　1,3-ジエチル-1,3-シクロヘキサジエン
2) (*E*)-3-ethyl-2-hexene　　(*E*)-3-エチル-2-ヘキセン

   立体の判断においてエチルとプロピルで，はプロピルの方が優先順位は上位

3) (2*E*,4*E*)-3-ethyl-2,4-hexadiene　　(2*E*,4*E*)-3-エチル-2,4-ヘキサジエン

   二重結合の始まりが左右同じでありこれで判断がつかない場合，アルカンと同じように分岐で位置番号のふり方を判断する。この場合は，左から番号を付ける。また，立体を表記しなければいけない二重結合が複数ある場合，立体表記の前に位置番号を付けどの立体表記がどの不飽和結合のものなのかを明示する。

4) (*Z*)-3-methyl-7-nitro-2-nonen-5-yne

(Z)-3-メチル-7-ニトロ-2-ノネン-5-イン

とても複雑に感じるかもしれないが固定観念を持たず，手順に従って命名してほしい。

3.4 芳香族化合物の命名

CHECK POINT
- 芳香族の命名は主骨格名として慣用名の使用が認められているので，フェノール，アニリン，ピリジンのような汎用な芳香族化合物名は個別に覚える必要がある。
- ベンゼン化合物において二置換の場合，位置番号表記以外に o-, m-, p- といった記号を用いて置換の仕方を示すことがある。三置換や他の芳香環には使用できない。
- 置換ベンゼン化合物において位置番号をふる場合，主基となる官能基の番号が1となるように番号をふる。
- ベンゼンよりも優先する骨格がある場合，ベンゼン環を置換基としてみなし ph（フェニル）と命名する。
- 窒素などを含む複素環化合物や多重環化合物では位置番号のつけ方が決まっているのでその都度確認をしてもらいたい。

例題3.4

次の化合物を IUPAC 命名法で命名しなさい。英語名ならびに和名を示すこと。

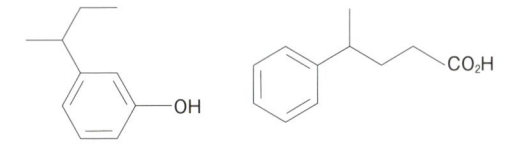

解 答

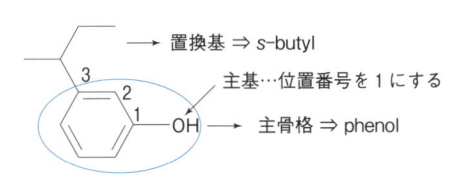

置換基 ⇒ s-butyl
主基…位置番号を1にする
主骨格 ⇒ phenol

3-s-butylphenol or m-s-butylphenol
3-s-ブチルフェノール or m-s-ブチルフェノール

主基…よってベンゼン環は主基となりえないので置換基とみなす
主鎖…カルボン酸の命名法に従い命名する

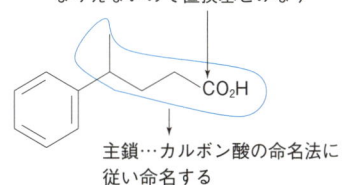

4-phenylpentanoic acid
4-フェニルペンタン酸

問 3.8

次の化合物を IUPAC 命名法で命名しなさい。英語名ならびに和名を示すこと。

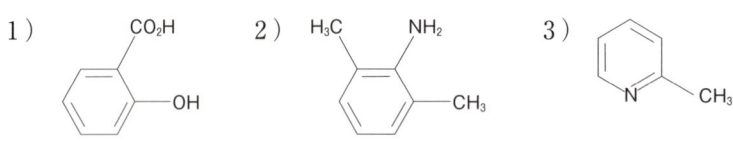

1) （CO₂H と OH を持つベンゼン環）　2) （H₃C, NH₂, CH₃ を持つベンゼン環）　3) （N と CH₃ を持つピリジン環）

4) （ベンゼン環–CH₂–CH(CH₃)–CO₂H）

解　答

1) *o*-hydroxybenzoic acid　　*o*-ヒドロキシ安息香酸（*o*-の代わりに 2 でもよい）
　　この場合カルボキシル基が主基となるのでヒドロキシ基は置換基としてみなす。

2) 2,6-dimethylaniline　　2,6-ジメチルアニリン
　　アミノ基が主基となるのでアミノ基の位置を 1 とする。3 置換なので二置換ベンゼンの時に用いた置換形式記号は使用できない。

3) 2-methylpyridine　　2-メチルピリジン
　　ピリジンが主骨格となり，ピリジンの場合窒素を位置番号 1 とする。

4) 2-methyl-3-phenylpropanoic acid　　2-メチル-3-フェニルプロパン酸
　　主基はカルボキシル基となるのでベンゼン環はこの場合置換基として命名する。

3.5　単純な語尾変化のみで命名することができる化合物の命名

以下に示す化合物は炭化水素名の語尾（e）を変化させるだけで命名することができるので，化合物ごとのポイントを確認しておいてもらいたい。和名については断りのない限り英語名をカタカナ表記することで命名できる。

CHECK POINT

アルコールの命名
・炭化水素名の語尾の e を ol に変えることにより命名することができる。

ケトンの命名
・炭化水素名の語尾の e を one に変えることにより命名することができる。

アルデヒドの命名
・炭化水素名の語尾の e を al に変えることにより命名することができる。
・アルデヒドは主基が末端にあることが明確なのでホルミル基の位置番号を明記する必要はない。
・環状化合物にホルミル基が直結した化合物名は環状部の名前に carbaldehyde を付け命名する（和名の場合，カルバルデヒドとよぶ）。

3章 化合物の分類と IUPAC 命名法　35

カルボン酸の命名
・炭化水素名の語尾の e を oic acid に変えることにより命名することができる。
・カルボキシル基は末端にあることが明確なのでカルボキシ基の位置番号を明記する必要はない。
・環状化合物にカルボキシ基が直結した化合物の命名は，環状部の名前に carboxylic acid を付けて命名する（和名の場合カルボン酸とよぶ）。
・和名は炭化水素名に酸を付けて命名する。

アミドの命名
・炭化水素名の語尾の e を amide に変えることにより命名することができる。
・主基が末端にあることが明確なのでカルバモイル基の位置番号を明記する必要はない。
・窒素上に置換基がある場合，窒素上の置換基として命名する。この場合，位置番号の代わりに N を番号代わりに用いる。
・環状化合物にカルバモイル基が直結した化合物の命名は，環状部の名前に carboxamide を付けて命名する（和名の場合カルボキサミドとよぶ）。
・和名は炭化水素名にアミドを付ける。

例題3.5

次の化合物を IUPAC 命名法で命名しなさい。英語名ならびに和名を示すこと。

解　答

主鎖
2-methylpentanoic acid
2-メチルブタン酸

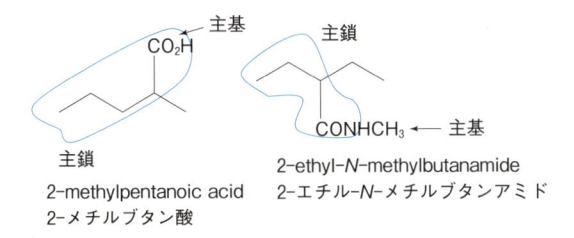

2-ethyl-N-methylbutanamide
2-エチル-N-メチルブタンアミド

問 3.9

次の化合物を IUPAC 命名法で命名しなさい。英語名ならびに和名を示すこと。

1)　2)　3)

4) [構造式]　5) [構造式]　6) [構造式]

解　答

1) *N*-ethyl-2-methylcyclohexanecarboxamide
   N-エチル-2-メチルシクロヘキサンカルボキサミド
   環状構造にカルバモイル基が結合した化合物なので，まずは環状構造の命名を行う⇒2-methylcyclohexane。これに carboxamide を付ける。N 上の置換基を加え置換基名をアルファベット順に配置する。

2) (*E*)-2,3-dimethyl-3-pentenoic acid　(*E*)-2,3-ジメチル-3-ペンテン酸
   二重結合を含む炭化水素名を付け，この名前の最後の e を oic acid に変える。和名は炭化水素名に酸を付け命名する。

3) 3-chloro-2-pentanone　3-クロロ-2-ペンタノン
   炭化水素名の最後の e を one に変え命名する。カルボニル基の位置は主鎖名の前に付ける。

4) 2-methyl-3,4-hexanedione　2-メチル-3,4-ヘキサンジオン
   この化合物は主基であるカルボニル基を 2 個含んでいるので語尾変化は one ではなく dione となる。この場合，炭化水素名の e を dione に置き換えると，発音ができなくなるので e を残し dione を付けることにより命名する。他の官能基においても同様なので理解しておこう。

5) 2,6-dimethyl-2-cyclohexen-1-one　2,6-ジメチル-2-シクロヘキセン-1-オン
   炭化水素名の最後の e を one に変え命名する。カルボニル基の位置は主鎖名の前に付ける。

6) 4-methylhexanal　4-メチルヘキサナール
   化水素名の最後の e を al に変え命名する。末端基なので主基の位置番号は不要。

3.6　単純な語尾変化のみで命名することができない化合物の命名

以下に示す化合物の命名は語尾変化 + *a* の規則を理解する必要がある。以下にその規則を簡単に記すので，語尾変化とあわせて理解してもらいたい。

CHECK POINT

酸無水物の命名

・酸無水物の酸由来成分が同一の場合，カルボン酸名からの変換を基本とし，カル

ボン酸名の oic acid の acid を anhydride に置き換える。oic と anhydride の間にはスペースを設ける。
- 2種の酸由来成分の組み合わせによる酸無水物の場合，acid を消去したカルボン酸名をアルファベットの順に並べ，最後に anhydride を付け命名する。各カルボン酸成分名および anhydride の間にはスペースを入れる。
- 和名は〜酸〜酸無水物と命名する。

エステルの命名
- アルキル部分（陽イオン成分）とカルボン酸イオン部分（陰イオン部分）に分け命名する。
- アルキル部分はアルキル基名をそのまま用い，カルボン酸イオン部分はカルボン酸名の ic acid を ate に変換することにより命名する。
- イオン性化合物の命名と同様に陽イオン成分と陰イオン成分を配置する。英語名：陽イオン成分（アルキル名）のあとに陰イオン成分（カルボン酸イオン）を配置（alkyl alkanoate）。各成分名の間にはスペースを設ける。
- 和名：英語名の逆の配置（アルカン酸アルキル）

酸ハロゲン化物の命名
- エステルと同様，アシル（陽イオン成分）とハロゲンイオン部分（陰イオン部分）に分け命名する。
- ハロゲン化物イオン名はハロゲンの置換基名の語尾の o を ide に置き換えることにより命名し，アシル部分はカルボン酸名の ic acid を yl に変えることにより命名する
- 英語名：陽イオン成分（アシル名）のあとに陰イオン成分（ハロゲンイオン）を配置（alkanoyl halide）。各成分名の間にはスペースを設ける。
- 和名：英語名の逆の配置（ハロゲン化アルカノイル）

エーテルの命名
- 酸素原子の両端の置換基名をアルファベット順に配置し，最後に ether を付け命名する。各成分名および ether の間にはスペースを設ける。
- 酸素原子両端の骨格が同じ場合には倍数接語（di）を用い1つにまとめる。
- エーテルは優先順位の低い骨格であるので，酸素原子を1個含む置換基として認識されることが多い。この場合，酸素原子を含まない置換基名〜yl を〜oxy に変え酸素原子を含む置換基として命名する。

アミンの命名
- 窒素原子に結合した3個の基のなかから主鎖を判断し，〜ylamine として命名する。エーテルの時とは異なり〜yl と amine の間にはスペースを設けないので注意すること。
- 残りの基は N 上の置換基として命名する（アミドの部分を参照）。

- N に結合した基がすべて同じ場合に，主鎖を判断せず倍数接語を用い 1 つにまとめ命名する（例：triethylamine）。
- アミンは優先順位の低い骨格であるので，アミノ基として認識されることが多い。このアミノ基上に置換基がある場合は窒素上に置換基を有するアミノ基として命名する。

例題3.6

次の化合物を IUPAC 命名法で命名しなさい。英語名ならびに和名を示すこと。

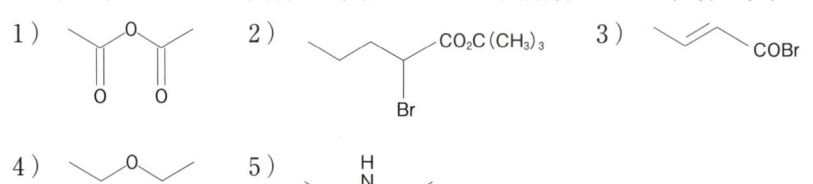

1) 2) 3) 4) 5)

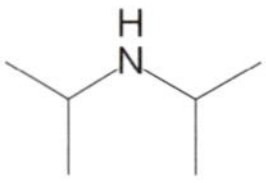

解 答

1) acetic anhydride　無水酢酸（酢酸の無水物の場合酢酸無水物と言わずに無水酢酸という）

   acetic acid は IUPAC 名に使用が認められた慣用名。この acid 部を anhydride に変える。

2) *t*-butyl 2-bromopantanoate　2-ブロモペンタン酸 *t*-ブチル

   2 つの成分に分け命名する。カルボン酸イオン部分：~ic acid ⇒ ate，それ以外の部分：*t*-butyl（分岐アルキル基名）

3) *trans*-2-butenoyl bromide　臭化 *trans*-2-ブテノイル

   2 つの成分に分けて命名する。アシル部分：カルボン酸名の ic acid を yl に変換，臭化物イオン：bromo ⇒ bromide

4) diethyl ether　ジエチルエーテル

   酸素原子の両端は両方ともエチル基⇒倍数接語を用い 1 つにまとめる

5) diisopropylamine　ジイソプロピルアミン

   窒素原子上に 2 個の isopropyl 基

問 3.10

次の化合物を IUPAC 命名法で命名しなさい。英語名ならびに和名を示すこと。

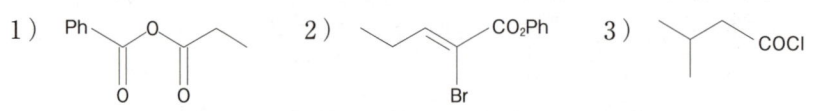

1) 2) 3)

4) [構造式: イソプロピルエチルエーテル] 5) [構造式: プロピルジメチルアミン] 6) [構造式: 3-(N,N-ジメチルアミノ)-2-ペンタノン]

7) [構造式: 3-メトキシプロパナール]

解 答

1) benzoic propanoic anhydride（アルファベット順）　安息香酸プロパン酸無水物
2) phenyl (*Z*)-2-bromo-2-pentenoate　(*Z*)-2-ブロモ-2-ペンテン酸フェニル
3) 3-methylbutanoyl chloride　塩化3-メチルブタノイル
4) ethyl isopropyl ether（アルファベット順）　エチルイソプロピルエーテル
5) *N*,*N*-dimethylbutylamine　*N*,*N*-ジメチルブチルアミン
6) 3-(*N*,*N*-dimetylamino)-2-pentanone　3-(*N*,*N*-ジメチルアミノ)-2-ペンタノン
7) 3-methoxypropanal　3-メトキシプロパナール

3.7　各化合物の性質

CHECK POINT

アルカン
・強いσ結合のみからなるため反応性に乏しく，主な反応は燃焼反応。

アルケン
　・二重結合の1本は強いσ結合，もう1本は弱いπ結合からなる。
　・π結合には求電子試薬が付加しやすい。
　・プラスチック類の合成に多用されている。

アルキン
・三重結合の1本は強いσ結合，残り2本は弱いπ結合からなる。
・反応的性質はアルケンにおおよそ似ている。
・アルキン炭素に結合したHはアルカンやアルケンの炭素に結合したHよりも高い酸性度を示す。

アルコール
・ヒドロキシ基の性質により親水的な性質を有する。
・ヒドロキシ基の性質により同じ分子量の他の化合物より沸点は高い。
・ヒドロキシ基は相手に応じ，酸・塩基の両方の性質を持つ。
・第一級アルコールは酸化によりアルデヒドとなり，さらに酸化されるとカルボン酸となる。第二級アルコールは酸化によりケトンとなる。第三級アルコールは酸

化されない。

- エーテル
  - アルコールの構造異性体であるが，ヒドロキシ基を有しないため性質はかなり異なる。
  - 比較的安定であり反応性は一般的に乏しい。
- アルデヒド
  - カルボニル基は親水性基の1つである。
  - 酸化されカルボン酸に変換される。
  - ホルミル基は求核攻撃をうける。
- ケトン
  - カルボニル基を有し，アルデヒドとよく似た性質を有する。
  - アルデヒドとは異なり酸化されない。
  - カルボニル基は求核攻撃をうける。
- エステル
  - カルボン酸とアルコールから水が脱離した縮合生成物である。
  - 加水分解によりカルボン酸とアルコールに容易に変換される。
  - アルカリ加水分解をけん化といい，この加水分解により得られたカルボン酸はカルボン酸塩となる。長鎖のカルボン酸塩は両親媒的性質を持ち，界面活性剤として働く。
- 芳香族
  - 見かけ上はシクロアルケンの一種であるが，かなり安定であるためアルケンとは別の化合物として扱われる。
  - 芳香族性を維持するため，求電子付加反応ではなく求電子置換反応が起こる。
- カルボン酸
  - 代表的な有機酸である。
  - 水素結合性化合物であるためアルコールと同様，高沸点，親水性を示す。
- アミド
  - アミンとカルボン酸から水が脱離した縮合生成物である。
  - ナイロンやタンパク質はこの一種である。
- アミン
  - 代表的な有機塩基である。

問 3.11

次の記述が正しければ○を誤っていれば×をつけなさい。また誤っている場合，その箇所を指摘し，その理由を解説しなさい。

1) アルケンとアルキンはともにπ結合を有する化合物であり，これにより反応上の性質はよく似ている。
2) アルカンはかなり安定な化合物であり，利用価値は低い。
3) アミンとカルボン酸を混合すると塩を形成する。
4) エステルはアルカリ加水分解により，カルボン酸塩とアミンを与える。
5) 芳香族はあまり安定な化合物ではないので，アルケンよりも容易に二重結合に対する付加反応を起こす。
6) ケトンとアルデヒドはよく似た性質を有する。
7) カルボン酸は，炭酸水素ナトリウム水溶液と反応しない。
8) 炭素鎖の短いアルデヒドは水に溶解するが，炭素鎖の長いアルデヒドは水に溶解しにくい。
9) エーテルは，アルコールとよく似た性質を有する。
10) アルコールは級に関係なく酸化を受ける。

解　答

1) ○　ともにπ結合を有している
2) ×；低い。安定な化合物ではあるが，その安定性を利用して溶剤として用いられている。また，高い可燃性を有し燃料として有用である。
3) ○　カルボン酸は酸性物質，アミンは塩基性化合物であるため。混合すると酸・塩基の反応により塩を形成する。
4) ×；アミン。エステルは，カルボン酸とアルコールの縮合生成物であり，水との反応により元の化合物に戻る。すなわち，エステルの加水分解により得られる化合物はカルボン酸とアルコールである。
5) ×；あまり〜起こす。芳香族はかなり安定であるため，芳香族性が損なわれるような反応は不利な反応である。よって主に求電子置換反応が起こる。
6) ○　両者ともカルボニル基を有する化合物であり，これにより性質はよく似ている。
7) ×；反応しない。カルボン酸は代表的な有機酸である。すなわち，塩基である炭酸水素ナトリウムとは容易に反応する。
8) ○　ホルミル基は親水基であるため水への溶解の手助けとなる。一方アルキル基は，非極性骨格であるため疎水的である。よってアルキル鎖が長くなると水への溶解性は減少する。
9) ×；よく似た。ヒドロキシ基の有無でその性質は大きく異なる。エーテルはアルコールよりも反応性が乏しい。また，分子間水素結合によりアルコールの沸点はエーテルよりかなり高い。
10) ×；級に関係なく。第三級アルコールは酸化されず，第二級アルコールは酸化されケトンとなり，第一級アルコールはアルデヒドに酸化され，さらに酸化され

るとカルボン酸となる。

問 3.12
同じ分子量のエーテルとアルコールではアルコールの方が，沸点が高く，親水的である。この理由を述べなさい。

解 答

エーテルはC–O–Cという骨格を持ち，アルコールはC–OHという骨格が特徴である。–OHは，HとOの電気陰性度の差により酸素側に電子が偏った分極構造を有している。この骨格は，分子間で水素結合を作ることができる。すなわち，強い分子間力が働くこととなり，これにより沸点は高くなる。これに対して，エーテルは水素結合を作れる骨格がなく，分子間にさほど大きな力は働かない。これにより，同じ分子量のエーテルとアルコールでは，沸点が大きく異なることとなる。また，エーテルの構造よりもアルコールのヒドロキシ基の方が大きく分極しているため親水的である。さらに，エーテルは酸素原子が両端の炭素鎖により囲まれているため，アルコールより疎水的となる。

問 3.13
カルボン酸は，アルコールから合成することが可能かどうかを考察しなさい。

解 答

カルボン酸は，アルデヒドの酸化によって合成される。そのアルデヒドは第一級アルコールの酸化によって合成することができる。したがって，カルボン酸は第一級アルコールの酸化によって合成することができる。

問 3.14
アルコールの酸・塩基としての性質を説明しなさい。

解 答

アルコールの骨格の特徴はヒドロキシ基である。ヒドロキシ基は，分極したO–H間の結合と，酸素原子上のローンペアが特徴となる。このローンペアにより，酸性化合物に対してはプロトンを受け取る塩基として働き，塩基性化合物に対してはプロトンを与える酸として働くことができる。

酸素側に電子が大きく偏っている
⇒ 酸素原子に電子を与えプロトンを放出しやすい…酸

–Ö–H

ローンペア ⇒ プロトンと結合を作ることができる…塩基

問 3.15

長鎖のカルボン酸塩が界面活性剤として働く仕組みを説明しなさい。

解　答

長鎖のカルボン酸塩は以下のような構造的特徴を持っている。

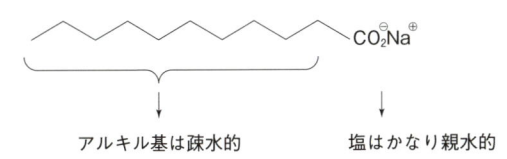

$$\underbrace{\diagup\!\diagdown\!\diagup\!\diagdown\!\diagup\!\diagdown\!\diagup\!\diagdown\!\diagup\!\diagdown}_{\text{アルキル基は疎水的}}-\underset{\text{塩はかなり親水的}}{CO_2^{-}Na^{+}}$$

これによって，長鎖のカルボン酸塩は水中では疎水部を中心に，親水部を外側に向け球状に集合した集合体（ミセル）を形成する。この集合体は外側に親水部があるため水に分散できる。また，集合体の中央に疎水的な油脂を取り込むことができる。これにより長鎖のカルボン酸塩は油脂を水に分散させる界面活性剤として働くことができる。

4 アルケンとアルキンの化学

4.1 アルケンとアルキンの混成軌道と立体構造

CHECK POINT

アルケンについて

- C−C 二重結合を形成する炭素は，s 軌道 1 個と p 軌道 2 個が混成した sp² 混成軌道をとっており，混成軌道からなる 3 本の σ 結合と残りの p 軌道からなる 1 本の π 結合を形成する。
- sp² 混成軌道を有する炭素の σ 結合は平面上に 120°の角度で配置され，π 結合はこの平面に直交するように突き出した p 軌道により形成される。⇒二重結合部は平面構造
- σ 結合は強い結合であり反応性が乏しいのに対し，π 結合は弱い結合であり反応性に富む。

アルキンについて

- C−C 三重結合を形成する炭素は，s 軌道 1 個と p 軌道 1 個が混成した sp 混成軌道をとっており，混成軌道からなる 2 本の σ 結合と残りの p 軌道からなる 2 本の π 結合を形成する。
- sp 混成軌道を有する炭素の σ 結合は直線上に配置され，π 結合はこの直線に対して垂直に突き出した p 軌道により形成される。2 個の p 起動は直交している。⇒三重結合部は直線構造。

問 4.1

C−C 二重結合が平面構造となること，および 3 本の σ 結合と 1 本の π 結合からなることを軌道の箱型模型を用い説明しなさい。

解 答

次図のように，sp² 混成軌道は s 軌道 1 個と p 軌道 2 個が混成してできた軌道でありここには 3 個の炭素由来の電子が収容される。炭素由来の残りの 1 個は混成軌道を作らなかった p 軌道に収容される。

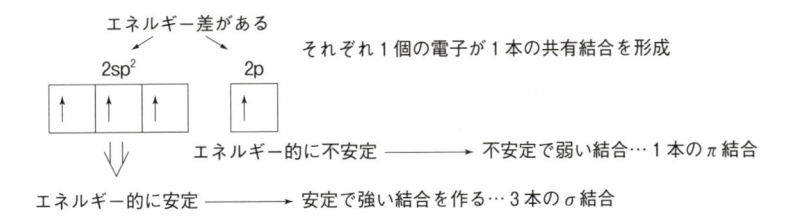

```
          エネルギー差がある
        2sp²           2p           それぞれ1個の電子が1本の共有結合を形成
      ┌─┬─┬─┐        ┌─┐
      │↑│↑│↑│        │↑│
      └─┴─┴─┘        └─┘
          ↓         エネルギー的に不安定 ──→ 不安定で弱い結合…1本のπ結合
   エネルギー的に安定 ──→ 安定で強い結合を作る…3本のσ結合
```

　混成軌道は比較的安定な軌道であり，1個の独立したp軌道はこれよりも不安的な軌道である。したがって，混成軌道から作られる3本の共有結合（σ結合）は安定で強い結合となる。これに対して，独立したp軌道から作られる共有結合（π結合）は，やや不安定で反応性の高い結合となる。

　立体構造については，混成軌道の3個の電子が空間に均等になるべく遠ざかるように配置される。したがって，3本のσ結合は平面上に120°間隔で配置されることとなる。p軌道は，この平面に直交するように配置される。

問 4.2

　C–C三重結合が，直線構造となることおよび2本のσ結合と2本のπ結合からなることを軌道の箱型模型を用い説明しなさい。

解 答

　下図のように，sp混成軌道はs軌道1個とp軌道1個が混成してできた軌道でありここには2個の炭素由来の電子が収容される。炭素由来の残りの2個は混成軌道を作らなかった2個のp軌道に収容される。

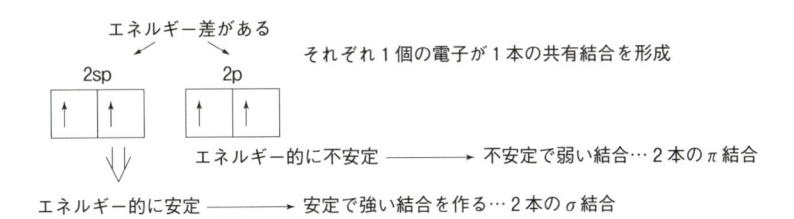

```
          エネルギー差がある
        2sp           2p           それぞれ1個の電子が1本の共有結合を形成
       ┌─┬─┐        ┌─┬─┐
       │↑│↑│        │↑│↑│
       └─┴─┘        └─┴─┘
          ↓         エネルギー的に不安定 ──→ 不安定で弱い結合…2本のπ結合
   エネルギー的に安定 ──→ 安定で強い結合を作る…2本のσ結合
```

　混成軌道は比較的安定な軌道であり，2個の独立したp軌道はこれよりも不安的な軌道である。したがって，混成軌道から作られる2本の共有結合（σ結合）は安定で強い結合となる。これに対して，独立した2個のp軌道から作られる2本の共有結合（π結合）は，やや不安定で反応性の高い結合となる。

　立体構造については，混成軌道の2個の電子が空間に均等になるべく遠ざかるように配置される。したがって，2本のσ結合は直線状に配置されることとなる。p軌道は，この直線に垂直に突き出したように，2個のp軌道はお互いに直交するように配置される。

4.2 アルケンにおける求電子付加反応

CHECK POINT

- アルケンの二重結合のうち反応するのはπ結合である。
- アルケンのπ結合電子は求電子試薬（2個の電子を受け入れることができる試薬）と反応し共有結合を作り二重結合のうちの一方の炭素と結合する。もう片方の炭素は電子が不足しカルボカチオンとなる。
- 求電子試薬との反応により生成したカルボカチオンは求核試薬（2個の電子を与えることができる試薬）と反応する。
- π結合電子が，求電子試薬と反応し，ついで求核試薬と反応する反応のことを求電子付加反応という。
- 二重結合に対して，求電子試薬と求核試薬が同じ側から攻撃する付加反応をシス（シン）付加，反対側から攻撃する付加反応をトランス付加という。
- カルボカチオンは炭素の級数が高くなるほど安定となる。すなわち第一級カルボカチオン＜第二級カルボカチオン＜第三級カルボカチオンの順に安定となる。
- アルキル基は電子供与性基として働く。
- 非対称なアルケンにハロゲン化水素が付加する際，水素原子の多い方にプロトンが付加する傾向がある。これを Markovnikov（マルコウニコフ）則という。
- 中間体の安定化において，共有結合を介して電子を授受する効果を誘起効果という。
- 中間体の安定化において，隣接するπ電子の移動により電荷を移動させ安定化する効果を共鳴効果という。

例題4.1

アルケンの二重結合への求電子付加反応の反応機構をアルケンとしてエチレン，求電子試薬として $E^{\oplus}$，および求核試薬として $Nu^{\ominus}$ を用いて示しなさい。

解　答

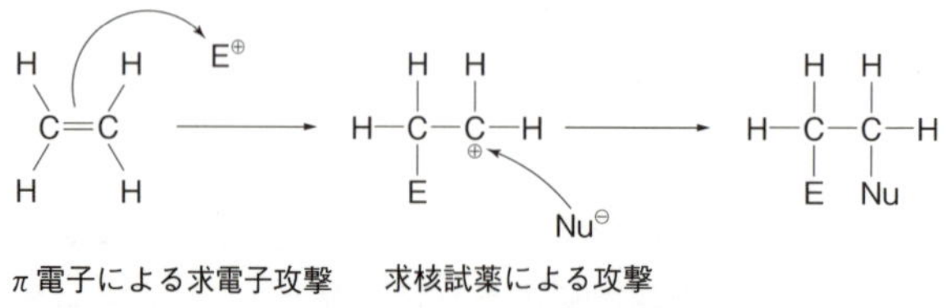

π電子による求電子攻撃　　求核試薬による攻撃

例題4.2

次の組み合わせにおいてどちらの中間体が安定かを考察しなさい。

1)　A　　B　　　　2)　C　　D

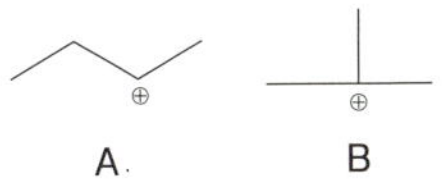

解　答

1) Bのカチオンの方が安定：カルボカチオンは電子が不足しているため不安定な中間体である。これが安定化する1つの方法は電子供与である。アルキル基は電子供与性基であるためアルキル基を多く持つカルボカチオンほど安定になる。

2) Dのカチオンの方が安定：両方のカルボカチオンは第二級カルボカチオンであり，アルキル基による電子供与にはあまり差がない。カルボカチオンを安定化するには誘起効果以外に共鳴安定化も有効である。Cのカルボカチオンにおいて共鳴安定化は考えられないが，Dのカルボカチオンは下記のように共鳴安定化することができる。

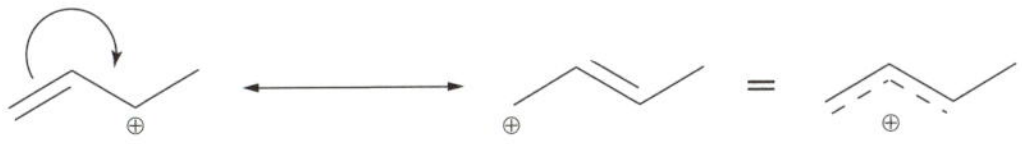

π電子の移動によりカルボカチオンになる炭素が移動する⇒電荷の分散

問 4.3

例題4.1を参考にエチレンと次の試薬との求電子付加反応機構を記しなさい。

1) 塩化水素
2) 臭素
3) 酸触媒による水の付加
4) ボランの付加
5) 水中における臭素の付加

解　答

各試薬のどの部分が例題4.1における$E^⊕$および$Nu^⊖$として働くかを考え当てはめれば解答となる。以下に各試薬のどの部分が$E^⊕$および$Nu^⊖$として働くかを示す。

1) HCl　⇒　$E^⊕$…$H^⊕$　　$Nu^⊖$…$Cl^⊖$

2) Br_2　⇒　$E^⊕$…$Br^⊕$　　$Nu^⊖$…$Br^⊖$

3) $H_3O^⊕$　⇒　$E^⊕$…$H^⊕$　　$Nu^⊖$…$H_2O:$

　　$H^⊕$に続いて水のローンペアがカルボカチオンを攻撃し水が結合する。その後に結合した水からプロトンが脱離し，水酸基となる（下記参照）。

4) H_3B　⇒　$E^⊕$…$H_2B^⊕$　　$Nu^⊖$…$H^⊖$

ホウ素原子に結合した H はすべて H$^{\ominus}$（ヒドリド）として働く（ボラン1分子で3分子のアルケンと反応できる）。

※ボランをイオン化する考え方は形式的なものであり，実際はイオン化してから反応するのではなく，ホウ素原子の空軌道がπ電子と結合し，その後に B−H 結合が開裂し H$^{\ominus}$が一方の炭素と結合することにより反応は進行する。

5) Br$_2$/H$_2$O ⇒ E$^{\oplus}$…Br$^{\oplus}$　　Nu$^{\ominus}$…H$_2$O:
水の付加については3）の解答を参照のこと。

問 4.4

シクロヘキセンと次の試薬の付加反応を段階的に示しなさい。生成物の立体構造を考慮すること。

1) 臭素
2) ボラン（ボラン由来の H を構造式に明記すること）

解 答

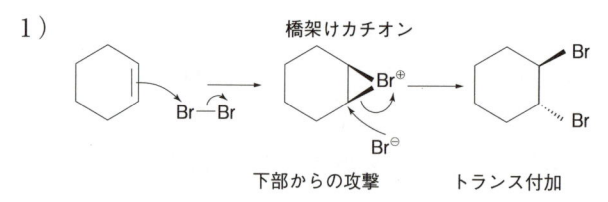

1) （橋架けカチオン経由、下部からの攻撃によりトランス付加）

2) （π電子が配位 → 同じ側より H$^{\ominus}$が攻撃 → シス付加、ボラン由来の H）

問 4.5

次の組み合わせにおいてどちらの中間体が安定かを考察しなさい。

1) A（カチオン）　B（アニオン）
2) C　D（フェニル基付きカチオン）
3) E　F（CN基付き）　※CNは電子求引性基

解 答

1) A の中間体の方が安定：カチオンは電子が不足しているために電子供与を受けると安定になるが，アニオンはその逆である。アルキル基は電子供与性基でありカチオンを安定化するが，逆にアニオンを不安定化する。

2）Dの中間体の方が安定：両者ともカチオンを共鳴安定化できるが，右の方がより多くの共鳴構造式を描くことができ，電荷を多くの炭素原子上に分散させることができるため安定となる。右のカチオンの共鳴式に関しては以下を参照。

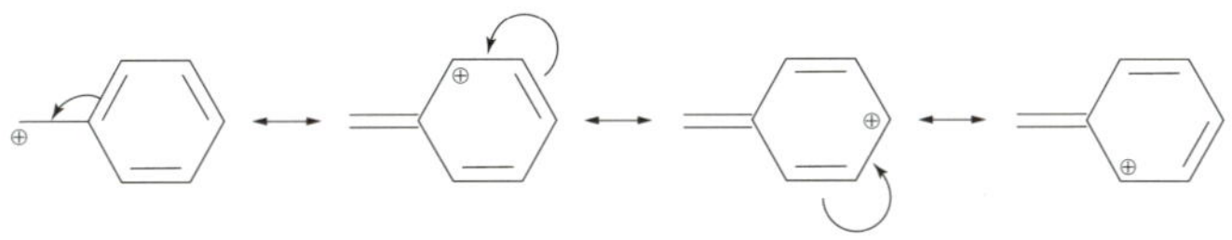

3）Eのほうが安定：カチオンは電子が不足した活性種であるので，電子求陰性基が結合すると不安定化する。

問 4.6

2-メチル-1-ヘキセンにヨウ素を水存在下で反応させた場合，どのような生成物を主生成物として与えるかを，反応機構を用い考察しなさい。

解 答

下記の反応機構の通り，ヨウ素はC1と水はC2と反応し，ヨウ素ヒドリンを与えると考察できる。

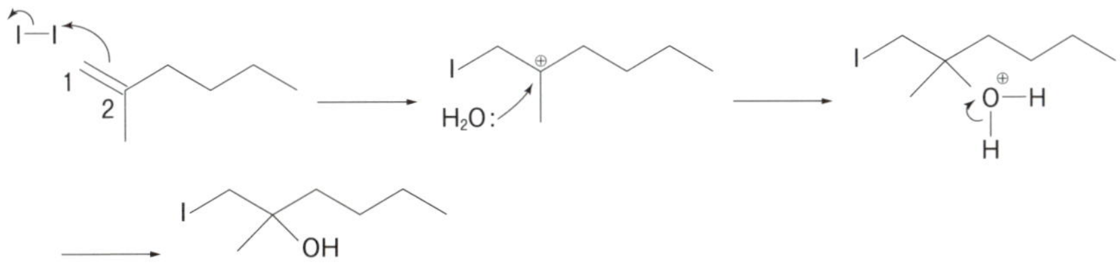

ヨウ素カチオンがC1と反応した場合…第三級カチオン
ヨウ素カチオンがC2と反応した場合…第一級カチオン
カルボカチオンの安定性：第三級カチオン ≫ 第一級カチオン
よってヨウ素はC1と優先的に反応する。

4.3　アルケンへのラジカル付加反応

CHECK POINT

- ラジカルを発生する試薬をラジカル開始剤といい，アゾ化合物，過酸化物は熱分解によりラジカルを発生する。
- ラジカルは二重結合に付加し，新たなラジカルを形成する。
- ラジカル反応は不対電子が，連鎖的に原子を引き抜くことにより進行する（2.3参照）。
- 立体的に混み合ったラジカルは，混み合っていないラジカルよりも安定である。
- ラジカルもイオンと同様に共鳴安定化を受ける。

例題4.3

次のラジカル開始剤の熱分解反応に電子の動きを示す矢印を書き込みなさい。

1) BPO の熱分解:
Ph-C(=O)-O-O-C(=O)-Ph → Ph-C(=O)-O· + ·O-C(=O)-Ph

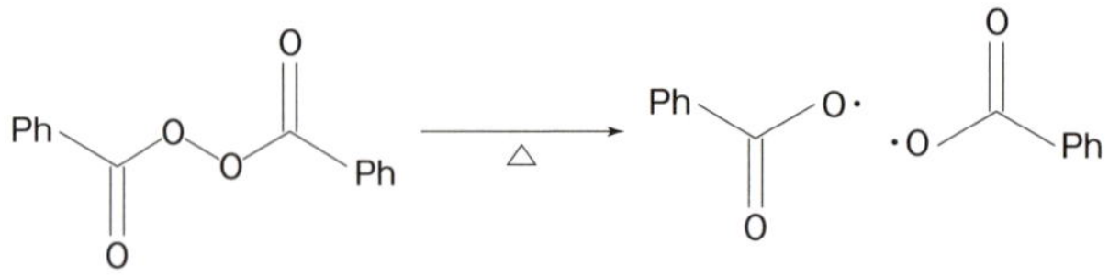

2) AIBN の熱分解:
(CH₃)₂C(CN)-N=N-C(CN)(CH₃)₂ → 2 (CH₃)₂C·(CN) + N≡N

解 答

1) 矢印をO–O結合から両側のO原子へ

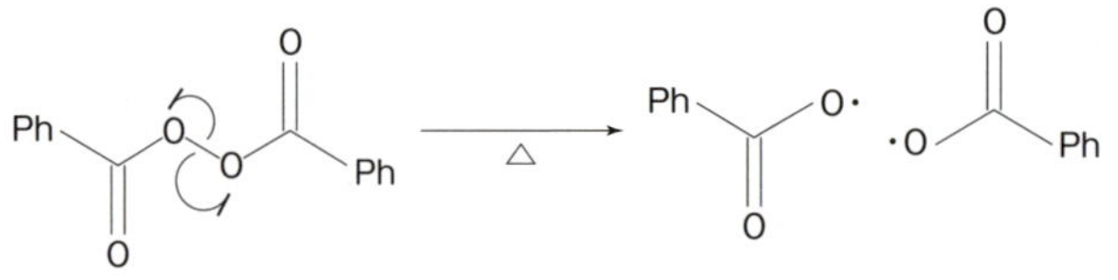

2) 矢印をC–N結合からそれぞれのC原子へ

例題4.4

次のラジカル反応式を完成させなさい（電子の動きを示す矢印も記入すること）。

1) Br· + CH₂=C(CH₃)₂ ⟶

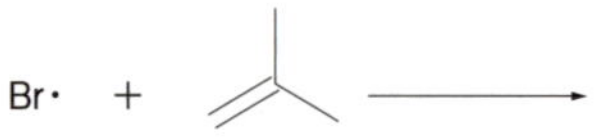

2) CH₃CH₂· + H–Br ⟶

解 答

1) Br· + CH₂=C(CH₃)₂ ⟶ Br-CH₂-C·(CH₃)₂ 　二重結合へのラジカル付加

2) CH₃CH₂· + H–Br ⟶ CH₃CH₃ + Br· 　ラジカルによる水素原子引き抜き

問 4.7

スチレンに臭化水素を過酸化ベンゾイル存在下，付加反応させた場合，どのような生成物を主生成物として与えるかを，反応機構を用いて考察しなさい（ラジカルの安定性を考慮すること）。

解 答

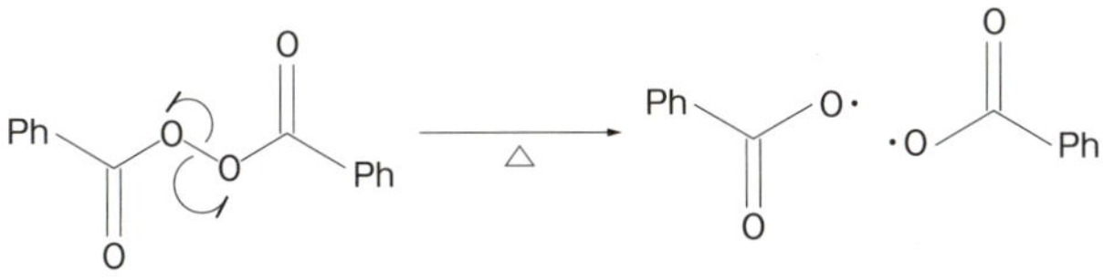

ラジカル開始剤によるラジカルの発生

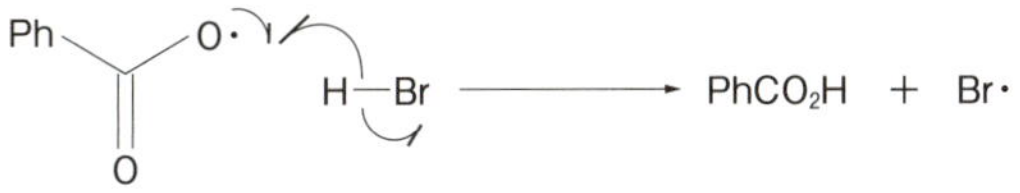

ラジカルによる水素原子引き抜きと臭素ラジカルの生成

二重結合へのラジカル付加
C2よりもC1に付加した方が生成したラジカルが込み合ったラジカルかつベンゼン環により共鳴安定化できるので，C1への付加が優先する

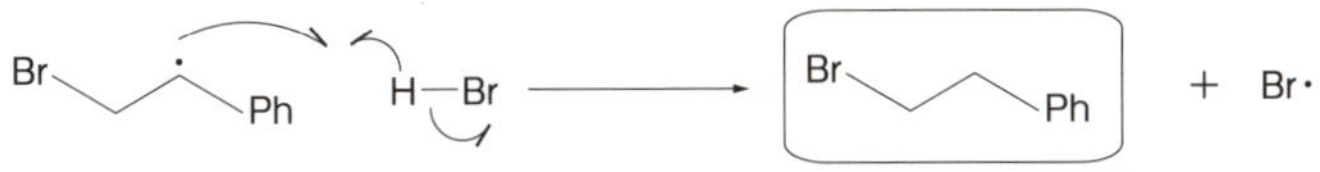

ラジカルによる水素原子引き抜きと臭素ラジカルの生成
主生成物

4.4 アルケンの還元と酸化反応

CHECK POINT

- 原料よりも生成物中の酸素原子の数が増加している場合もしくは水素原子の数が減少している場合，その反応は酸化反応とみなすことができる。
- 上記の逆は還元反応とみなすことができる。
- アルケンの水素添加反応はシス付加で反応が進行する。
- アルケンを穏和な条件でアルカリ性の過マンガン酸水溶液処理する酸化反応はシス付加で進行し，cis-1,2-diol を与える。
- アルケンを酸性条件あるいは加熱下で過マンガン酸塩と反応させると二重結合の開裂が起こり，ケトンもしくはカルボン酸を与える。この反応ではアルデヒドは得られない。
- アルケンをオゾンで酸化するとオゾニドを与える。オゾニドは，還元反応により分解しケトンもしくはアルデヒドを与える。

例題4.5

次の反応は酸化反応か還元反応かを判断しなさい。

1) CH₃CH=CHCH₃ ⟶ CH₃CH₂CH₂CH₃

2) (CH₃)₂CHOH ⟶ (CH₃)₂C=O

解 答

1）Hが2個増…還元
2）Hが2個減…酸化

例題4.6

次の反応式を完成させなさい。

1)  アルケン + H₂/Pt ⟶

2) 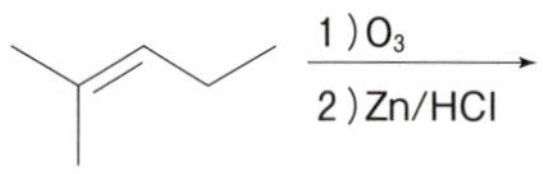 アルケン, 1) O₃ 2) Zn/HCl ⟶

3) 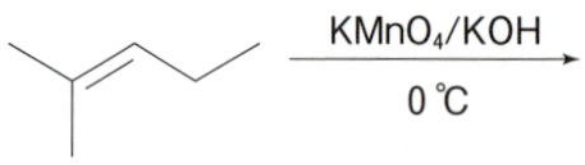 アルケン, KMnO₄/KOH, 0 ℃ ⟶

4) アルケン, KMnO₄/H₂SO₄ ⟶

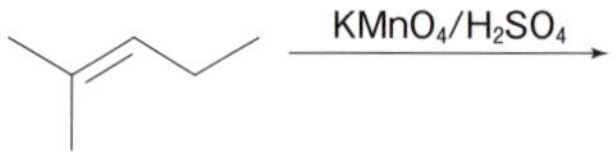

解 答

1)  水素の付加 ⇒ ブタン

2)  二重結合の切断
   生成物…ケトンもしくはアルデヒド
   ⇒ ケトン + アルデヒド

3)  過マンガン酸塩＋塩基性条件
   ジヒドロキシ化
   ⇒ ジオール

4) 過マンガン酸塩＋酸性条件
   二重結合の切断
   生成物…ケトンもしくはカルボン酸
   ⇒ ケトン + カルボン酸

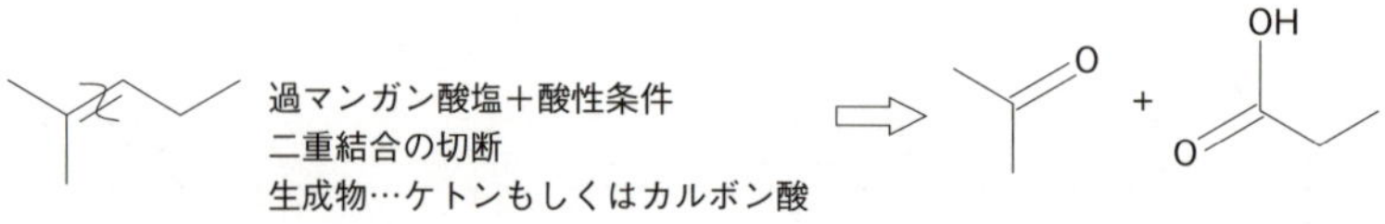

問 4.8

次の反応は酸化反応であるか，還元反応であるかを判断しなさい。

1)

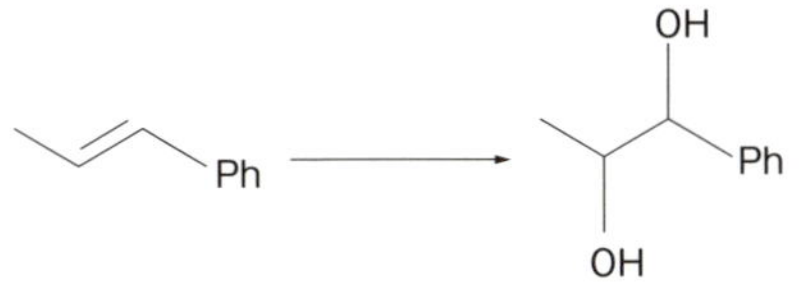

2)

3)

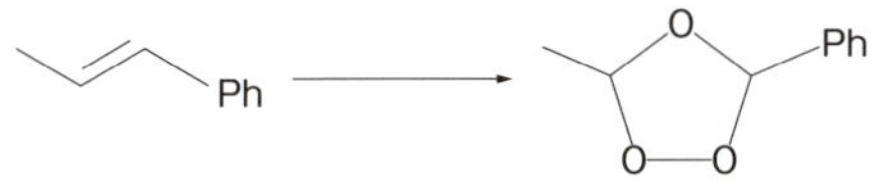

4)

解　答

1)　酸素数増…酸化反応

2)　酸素数減…還元反応

3)　酸素数増…酸化反応

4)　2分子中の酸素数が元の分子よりも減…還元反応

問 4.9

次の反応生成物を記しなさい。

1) H$_2$/Pt

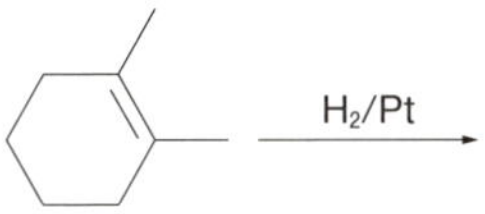

2) 1) O$_3$　2) Zn/HCl

3) KMnO$_4$/KOH　0 ℃

4) KMnO$_4$/H$_2$SO$_4$

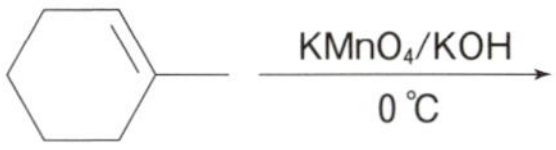

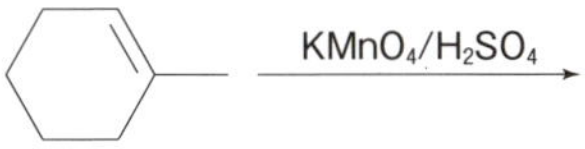

解　答

1) 水素添加反応はシス付加

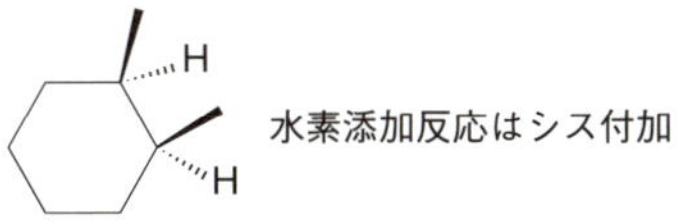

2) アルデヒドに／ケトンに　⇒　OHC～～～C(=O)CH$_3$

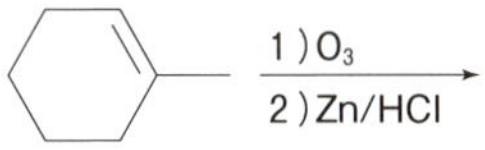

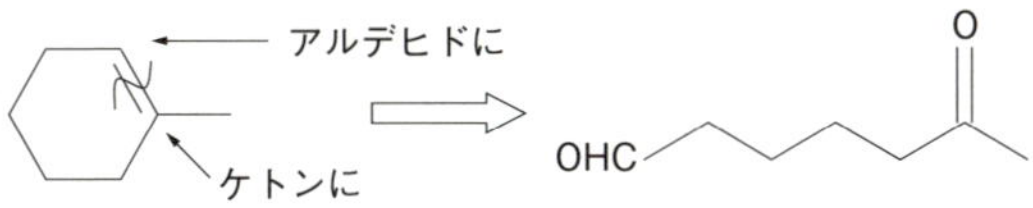

3) ジヒドロキシ化反応はシス付加

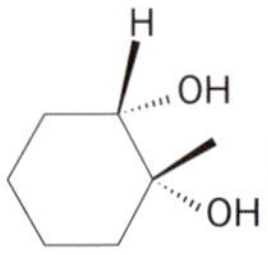

4) カルボン酸に / ケトンに ⇒ HO₂C–...–C(=O)–

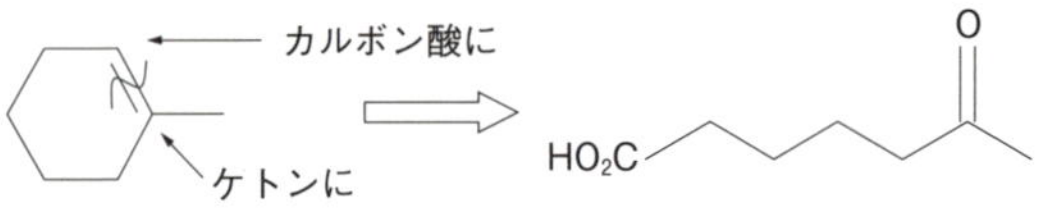

4.5 アルキンの反応

CHECK POINT
- アルキンの反応はアルケンの反応に類似している。
- アルケンに水が付加するとエノールが得られる。このエノールはケト−エノール互変異性によりケトンに変わる。
- アルキンをアルケンに還元する際，触媒活性を低下させた Lindlar（リンドラー触媒存在下での水素添加により行う。
- 末端アセチレンの水素原子は C−H としては高い酸性度を有し，強塩基により引き抜かれ，これによりカルボアニオンを生じさせることができる。このアニオンをアセチリドという。

例題4.7

次の反応の生成物を書きなさい。

1) ═─Ph $\xrightarrow{\text{H}_2/\text{Pd}(\text{リンドラー触媒})}$

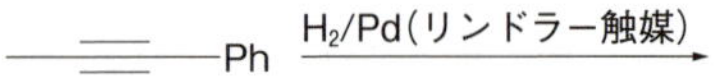

2) H─═─Ph $\xrightarrow{\text{HBr}(1\,\text{mol})}$

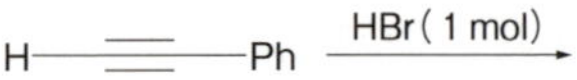

解 答

アルキンの反応は，アルケンに類似しているのでまずはアルケンの反応を思い出してもらいたい。

1) ・アルキンをアルケンに還元する際用いる触媒はリンドラー触媒
 ・水素添加はシス付加
 ⇒ シス-CH=CH-Ph

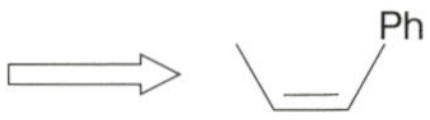

2) 求電子付加反応では，なるべく安定なカチオンが生成するように求電子剤の付加が起こる。…この場合の求電子剤は H⊕
 ⇒ CH₂=C(Ph)(Br)

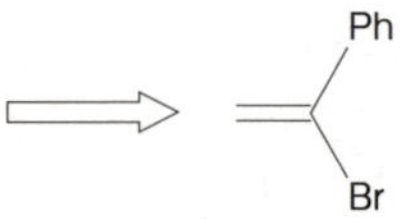

問 4.10

次の反応の生成物を書きなさい。

1)  CH₃CH₂-C≡C-CH₂CH₃　→(Br₂ (1 mol))

2)  CH₃CH₂CH₂-C≡CH　→(HBr (1 mol))

3)  CH₃CH₂CH₂-C≡CH　→(NaNH₂)

4) CH₃CH₂CH₂-C≡CH　→(H₂O/H₂SO₄/HgSO₄)

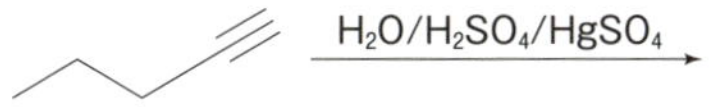

5) CH₃CH₂-C≡C-CH₂CH₃　→(H₂Pd(リンドラー))

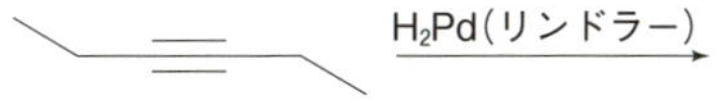

解 答

1) 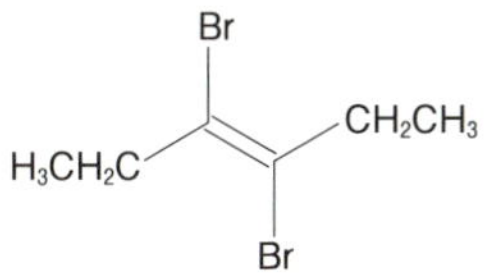
H₃CH₂C\C(Br)=C(Br)/CH₂CH₃　Br₂はトランス付加する

2) 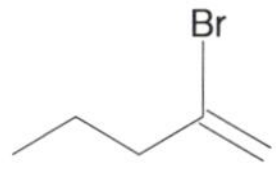 CH₃CH₂CH₂-C(Br)=CH₂　先に反応するH⁺は安定なカチオンを与える方に反応する傾向が強い

3)  CH₃CH₂CH₂-C≡C⁻ Na⁺　末端アルキンのC–Hは有機分子にしては比較的高い酸性度を有する

4) 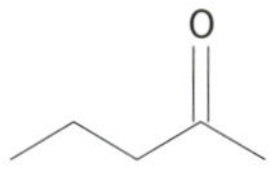 CH₃CH₂CH₂-C(=O)-CH₃　先に反応するH⁺は安定なカチオンを与える方に反応し、次に水が付加する。これにより、1-ペンテン-2-オールが得られる。これはエノールであり、ケト-エノール互変異性により容易にケトン体に異性化する。

5)  H₃CH₂C\CH=CH/CH₂CH₃ (cis)　水素添加反応はシス付加で進行する。また、リンドラー触媒にる水素還元はアルケンを還元しない。

問 4.11

1-フェニル-1-ブチンを酸化水銀、硫酸存在下、水と反応させると1-フェニル-1-ブタノンが得られる。この反応を説明しなさい。

解　答

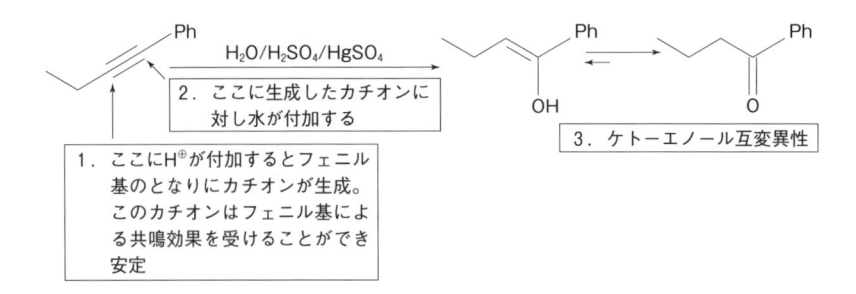

(反応スキーム)

1. ここにH⊕が付加するとフェニル基のとなりにカチオンが生成。このカチオンはフェニル基による共鳴効果を受けることができ安定
2. ここに生成したカチオンに対し水が付加する
3. ケト－エノール互変異性

4.6　共役ジエンの反応

CHECK POINT
- 共役ジエンとは二重結合が単結合でつながった構造を持ったジエンのことである。
- 共役ジエンは求電子付加反応において通常の付加（1,2－付加）とアリルカチオンを経由する付加（1,4－付加；共役付加）生成物を与える。
- 共役ジエンはアルケンと反応し，シクロヘキセン化合物を与える（Diels-Alder（ディールス-アルダー）反応）。

問　4.12

次のアルケンは共役か非共役かを判断しなさい。

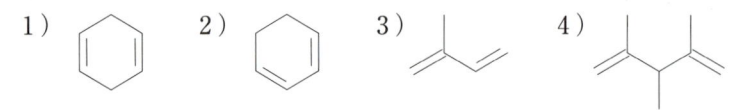

1）　2）　3）　4）

解　答

1）非共役　　2）共役　　3）共役　　4）非共役

問　4.13

アリルカチオンが安定カチオンである理由を説明しなさい。

解　答

共鳴によりカチオンが他の炭素上に移動することができる。これにより電荷が分散し安定化する。

問　4.14

1,3-ブタジエンに臭素を付加させると二種類の生成物が得られた。この生成物を反応機構から予測しなさい。

解 答

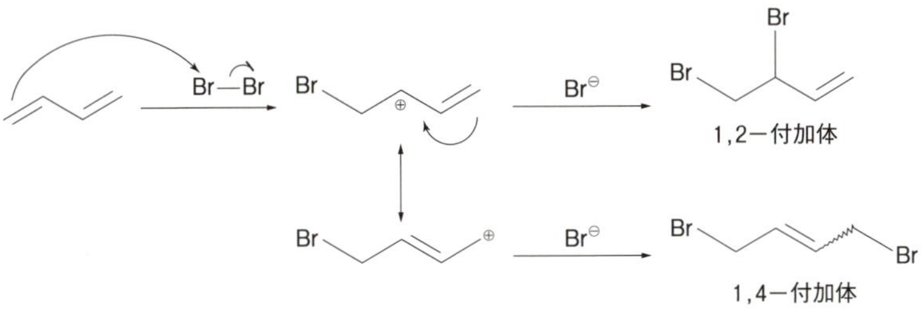

2種のカチオンに対して臭化物イオンが付加することにより，1,2−付加生成物と1,4−付加生成物が得られる。

問 4.15

次の反応式の生成物を予測しなさい。

1) [isoprene] + [methyl acrylate] ⟶

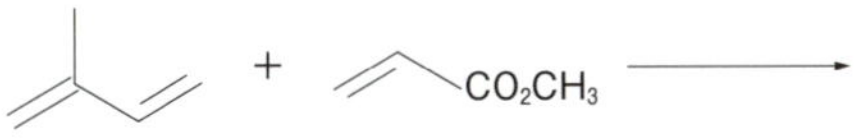

2) [isoprene] + HBr ⟶
    1,2−付加生成物と1,4−付加生成物を示しなさい。
    （両者とも多く生成すると思われるものを示すこと）

3) [1,3-cyclohexadiene] + HBr ⟶

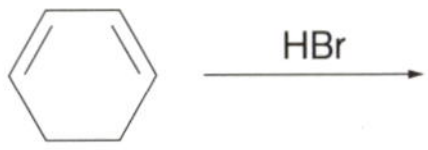

4) [1,3-cyclohexadiene] + [methyl acrylate] ⟶

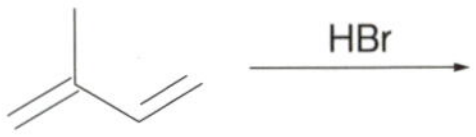

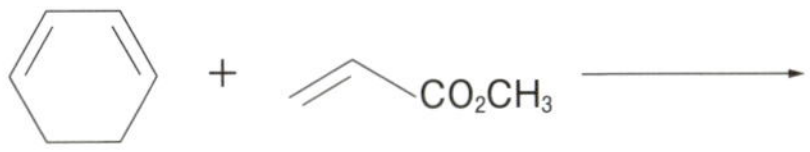

解 答

1) [4-methyl-1-cyclohexene-1-carboxylate] または [3-methyl-1-cyclohexene-1-carboxylate]   Diels-Alder反応

2) [3-bromo-3-methyl-1-butene] + [1-bromo-3-methyl-2-butene]   安定なカルボカチオンが生成するようにH⊕の付加が起こる

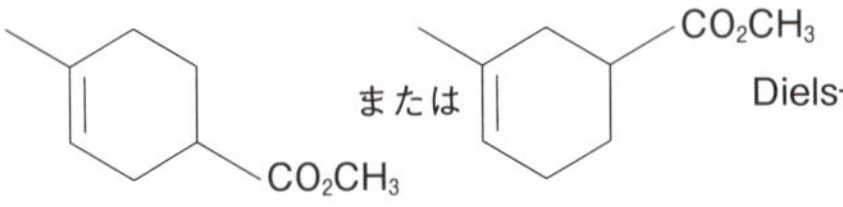

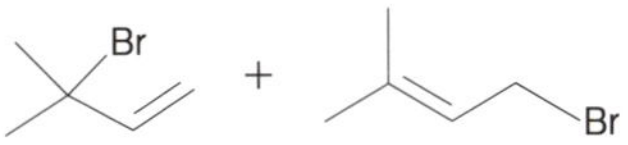

3) [3-bromocyclohexene] (1,2−付加体) + [3-bromocyclohexene] (1,4−付加体) ⟹ 両者は同一化合物 [3-bromocyclohexene]

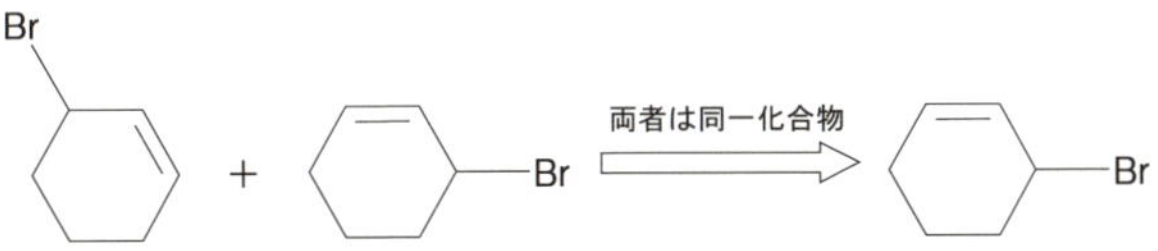

4) [bicyclo[2.2.2]oct-2-ene-carboxylate]   Diels-Alder反応

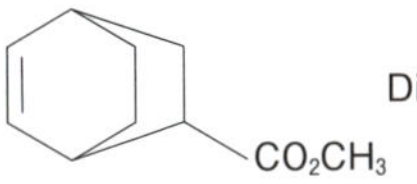

4.7 アルケン・アルキンの反応まとめ

問 4.16

次の反応の反応生成物を予測しなさい。

1）

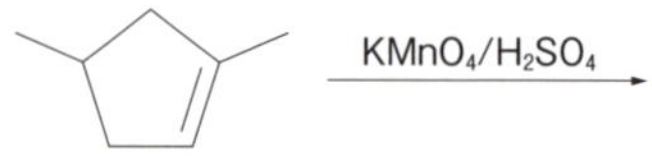
KMnO4/H2SO4

2）

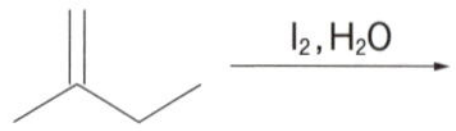
I2, H2O

3）

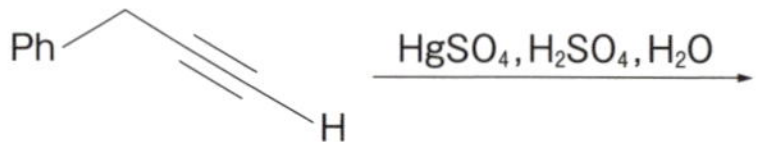
Ph
H
HgSO4, H2SO4, H2O

4）

O
O
O
O
+

5）

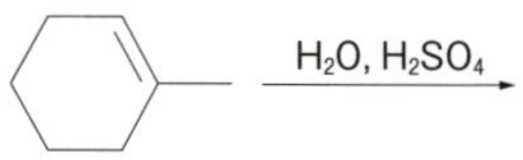
H2O, H2SO4

解　答

1）

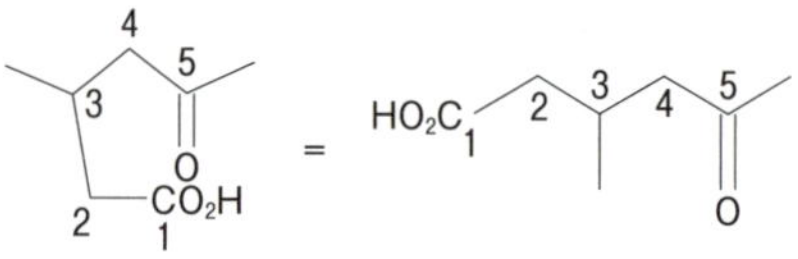
4
5
3
O
2
CO2H
1
=
HO2C
1
2
3
4
5
O

わかりにくい場合は番号をふるとわかりやすい

2）

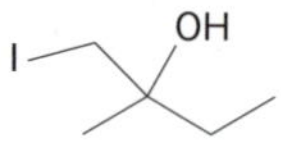
I
OH

安定カチオン

3）

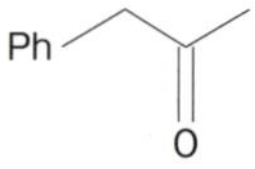
Ph
O

・安定カチオン
・ケト-エノール互変異性

4）

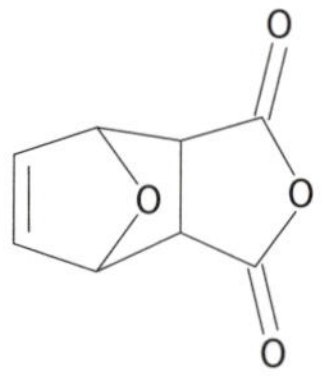
O
O
O
O

Diels-Alder反応

5）

OH

・安定カチオンを経由

問 4.17

次の反応を行うために必要な試薬を示しなさい。用いる試薬は１つとは限らない。

1）

Ph
Ph
Ph
Ph

2)

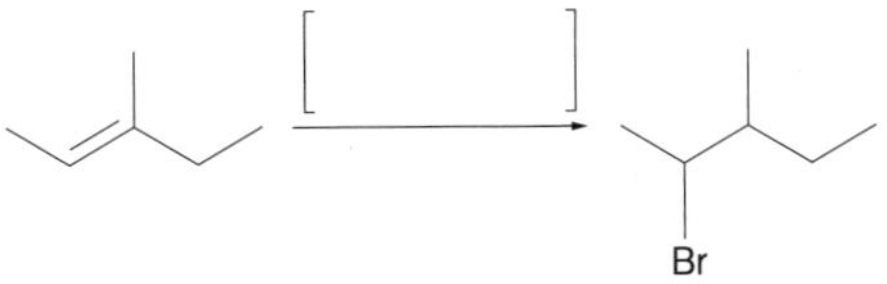

3)

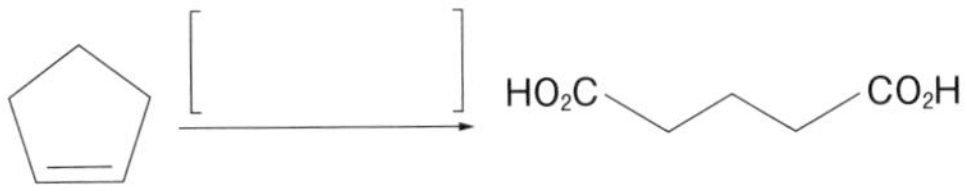

4)

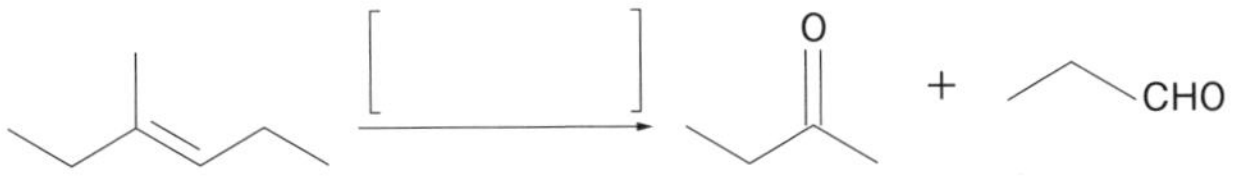

解 答

1) H_2, リンドラー触媒…水素添加反応, アルキン→ *cis*-アルケン
2) BPO, HBr…反 Markovnikov 則 ⇒ ラジカルによる付加反応
3) $KMnO_4$, H_2SO_4…二重結合の切断, カルボン酸を生成
4) ① O_3, ② Zn, HCl…二重結合の切断, アルデヒドの生成

5 芳香族化合物の化学

5.1 芳香族化合物と Hückel 則

CHECK POINT

芳香族化合物とは
- 一般には環状に連なった共役二重結合を有し，環状の共役系のπ電子の数が (4n+2) 個（n =0,1,2…；整数）の平面分子である（Hückel 則）。
- 孤立電子対を共役系の一部と見なした場合は，その電子もπ電子と見なす（例：ピロールは芳香族性を示す）。

例題5.1

Hückel（ヒュッケル）則によると，平面環状共役系（4n+2 個）のπ電子をもつものが芳香族化合物と定義される。以下の化合物にこの規則をあてはめて芳香族性を予測し，芳香族化合物ならその共鳴構造を書きなさい。

1) △⊕   2) ☐   3) アントラセン

解 答

1) π電子は2個で芳香族化合物。以下のような共鳴構造が書ける。

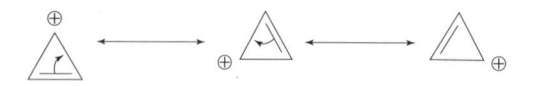

2) π電子は4個で，Hückel 則にはあわず反芳香族化合物。
3) π電子は14個で芳香族化合物。

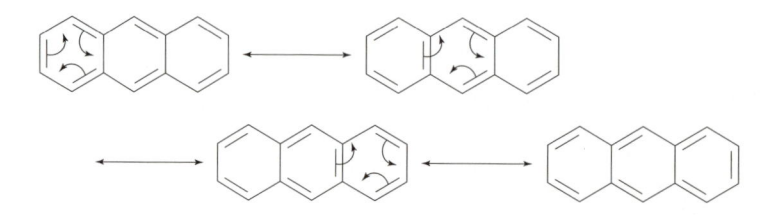

問 5.1
次の芳香族化合物の共鳴構造を書きなさい（電子の移動を矢印で示すこと）。

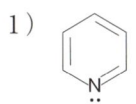

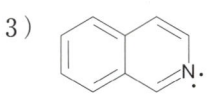

1) ピリジン   2) ナフタレン   3) イソキノリン   4) アズレン

解 答

1) ピリジン

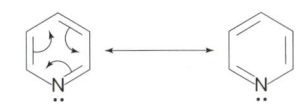

2) ナフタレン

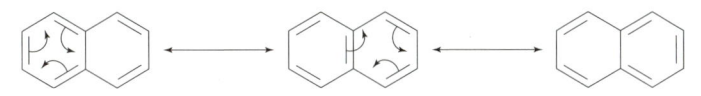

3) イソキノリン

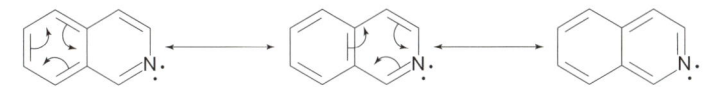

4) アズレン

5.2 芳香族化合物と求電子置換反応

CHECK POINT

求電子置換反応について

・ベンゼンのような芳香族化合物は，共鳴安定化しており芳香族性維持のため，アルケンのような求電子付加反応を起こさない。

・芳香族化合物は，求電子剤と反応してカルボカチオンを経由して，プロトンが脱離する求電子置換反応が起こる。

・芳香族化合物が求電子付加反応ではなく，求電子置換反応を起こす理由は，付加反応生成物が芳香族でない化合物に変わるのに対して，置換反応生成物は反応後も安定な芳香族化合物であり，芳香族性を維持した方がエネルギー的に有利だからである。

・求電子剤の調製には，ハロゲン化合物とルイス酸の組合せが多い（Friedel-

Crafts（フリーデル-クラフツ）アルキル化，アシル化）。
- ルイス酸の他に，濃硫酸を酸触媒として用いる求電子剤の発生法もある（ニトロ化，スルホン化）。

置換基の求電子置換反応への影響
- 一置換ベンゼンに求電子置換反応を行うと，オルト（o-），メタ（m-），パラ（p-）の三種類の二置換ベンゼンが得られる可能性がある。
- 一置換ベンゼンの置換基が電子供与性の場合，カルボカチオンを安定化し，反応はオルト位とパラ位で起こる（オルト-パラ配向性）。
- 一置換ベンゼンの置換基が電子求引性の場合，カルボカチオンは不安定化し，反応はメタ位で起こる（メタ配向性）。
- 例外として，ハロゲンは電子求引性基であるが，孤立電子対をもち，カルボカチオンへこの電子対を供給し，カルボカチオンを安定化できるので，反応はオルト位とパラ位で起こる（オルト-パラ配向性）。
- 求電子置換反応は，一段目の求電子反応が律速段階のため，ベンゼンの置換基が電子供与性の場合，起こりやすく（活性化），電子求引性の場合，起こりにくい（不活性化）。
- ハロゲンは，孤立電子対を持ち配向性を考える際，電子供与的にとらえたが，求電子置換反応の活性化を考えると，その大きな電気陰性度のために，反応を不活性化する。

例題5.2

芳香族化合物の共鳴エネルギーは実験で求めることができる。以下の実験結果からベンゼンの共鳴エネルギーを計算しなさい。

シクロヘキセンは水素化すると119.6 kJ/mol の発熱をする。

シクロヘキセン $\xrightarrow{\text{H}_2/\text{Pt}}$ シクロヘキサン + 119.6 kJ/mol

よって，仮想的な1,3,5-シクロヘキサトリエンの水素化熱は理論上では，3×119.6 = 358.8 kJ/mol となる。

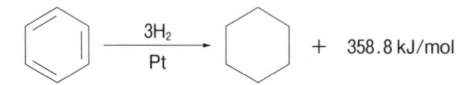

仮想分子 $\xrightarrow{\text{3H}_2/\text{Pt}}$ シクロヘキサン + 358.8 kJ/mol

しかし，ベンゼンの水素化では，208.4 kJ/mol しか発熱しない。

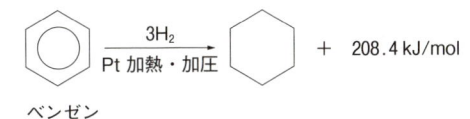

ベンゼン + 3H₂ →(Pt 加熱・加圧) シクロヘキサン + 208.4 kJ/mol

解　答

仮想分子シクロヘキサトリエン — 150.4 kJ/mol（共鳴エネルギー）
358.8 kJ/mol（計算値）
ベンゼン
208.4 kJ/mol
シクロヘキセン 119.6 kJ/mol
シクロヘキサン
ベンゼン環の安定性（共鳴エネルギー）

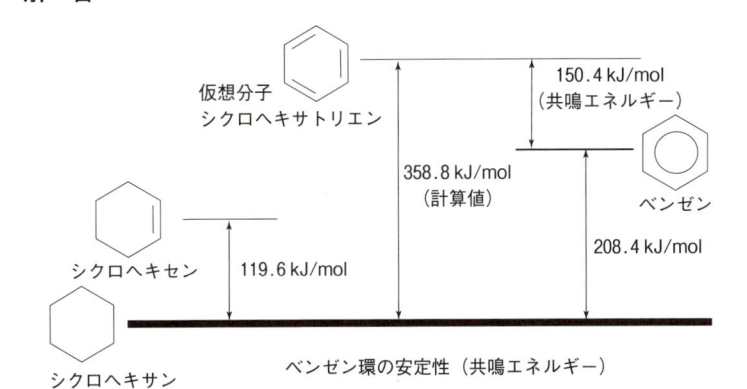

上図のように，仮想分子シクロヘキサトリエンより，ベンゼンの水素化熱は 150.4 kJ/mol（358.8 − 208.4 = 150.4）小さく（安定），これがベンゼンの共鳴エネルギーである。

問 5.2

アントラセンの水素化エネルギーは約 485.7 kJ/mol である。アントラセンの共鳴エネルギーはどのくらいか計算しなさい。

ヒント：シクロヘキセンのように，二重結合 1 つあたりの水素化熱は約 119.6 kJ/mol である。

解　答

アントラセンには 7 個の二重結合がある。よって，その水素化熱は計算より，873.2 kJ/mol となる。

発熱量（計算値）：7 × 119.6 = 837.2 kJ/mol
発熱量（実測値）：485.7 kJ/mol
よって，
共鳴エネルギー：837.2 − 485.7 = 351.5 kJ/mol

例題5.3

求電子剤を $E^{\oplus}$ として，ベンゼンの求電子置換反応の機構を段階的に書きなさい。

解　答

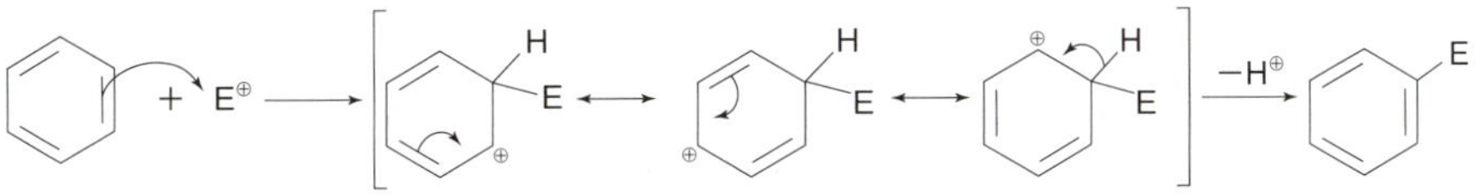

ベンゼン + $E^{\oplus}$ → [中間体共鳴構造] $\xrightarrow{-H^{\oplus}}$ 置換生成物

問 5.3

芳香族化合物のニトロ化における求電子剤（$NO_2^{\oplus}$）の生成過程とベンゼンのニトロ化の反応機構を段階的に書きなさい。

解 答

混酸によるニトロニウムイオンの生成過程（混酸：硝酸と硫酸）

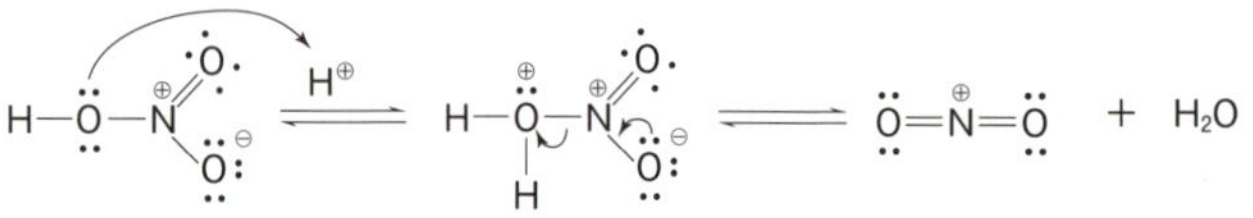

続いて，ベンゼンとの求電子置換反応が進行する。

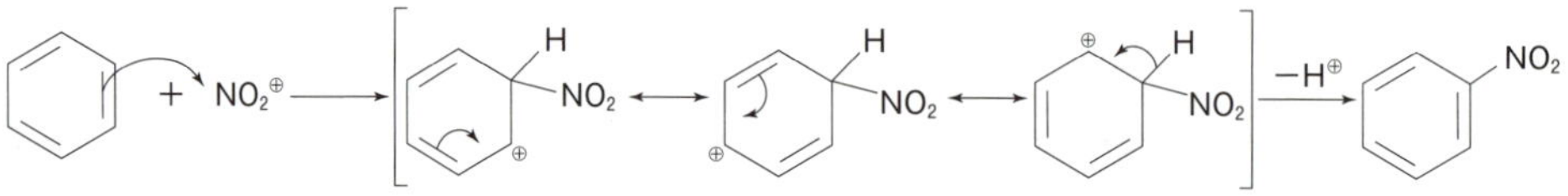

例題5.4

次の反応の機構を段階的に書きなさい。

1) ベンゼン + CH_3CH_2-Cl →（$AlCl_3$）→ エチルベンゼン + HCl

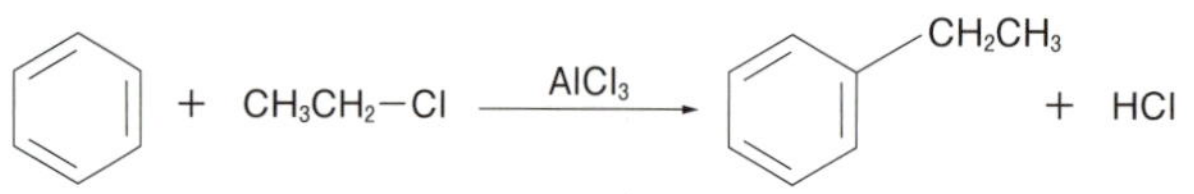

2) ベンゼン + $CH_2=CH_2$ →（H_2SO_4）→ エチルベンゼン

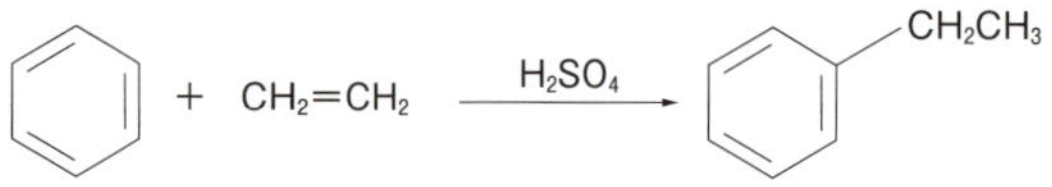

解 答

1) Friedel-Crafts 反応を利用してハロゲンイオンを脱離させてカルボカチオンを生成。
2) アルケンにプロトンを付加させてカルボカチオンを生成。

1) および 2) の反応過程。

カルボカチオン（エチルカチオン）の生成：

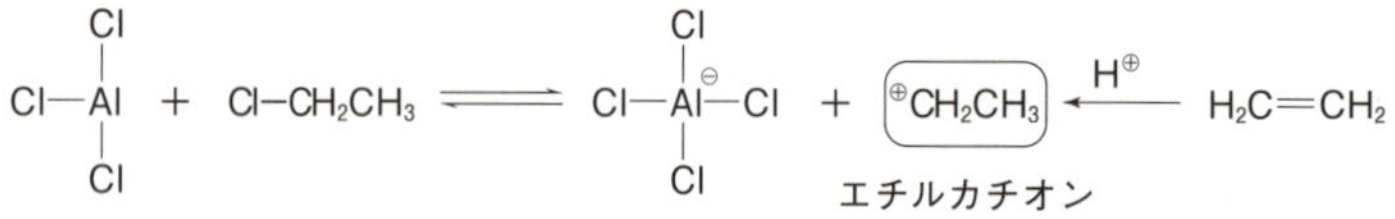

続いて起こるベンゼンとエチルカチオンとの反応は，1），2）とも同様である。

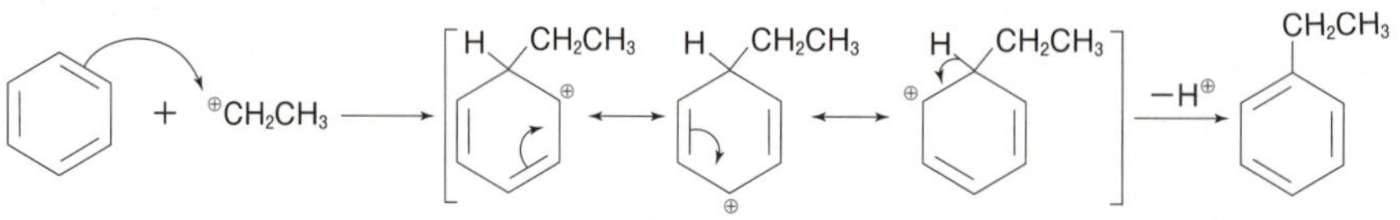

問 5.4

ベンゼンをルイス酸触媒存在下,塩化プロピルと反応させるとイソプロピルベンゼン(クメン)が主生成物となり,プロピルベンゼンは少量しか得られない,その理由を説明しなさい。

ヒント：重要なのは第一段階の求電子剤の生成過程である。

解　答

求電子剤（第二級カルボカチオン）の生成：

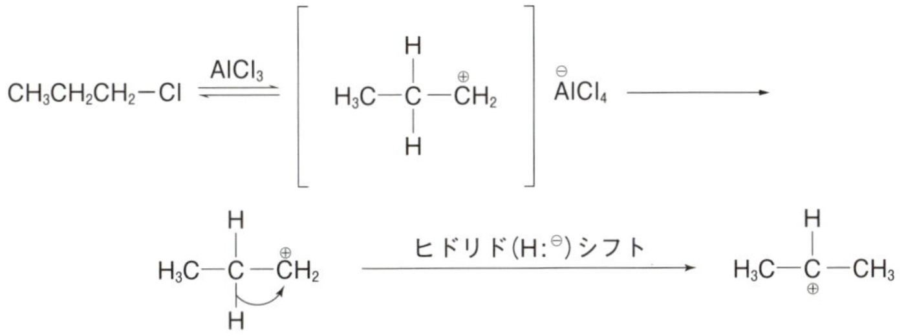

$$CH_3CH_2CH_2-Cl \xrightleftharpoons{AlCl_3} \left[H_3C-\overset{H}{\underset{H}{C}}-\overset{\oplus}{C}H_2 \right] AlCl_4^{\ominus} \longrightarrow$$

$$H_3C-\overset{H}{\underset{H}{C}}-\overset{\oplus}{C}H_2 \xrightarrow{\text{ヒドリド}(H:^{\ominus})\text{シフト}} H_3C-\overset{H}{\underset{}{\overset{\oplus}{C}}}-CH_3$$

　　第一級カルボカチオン　　　　　　　　　　　　第二級カルボカチオン

上図のように,求電子剤となる第一級カルボカチオンがより安定な第二級カルボカチオンにヒドリドシフト（転位反応）したためである。

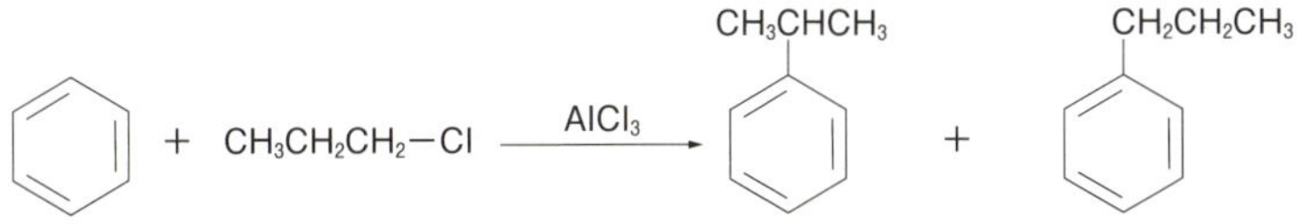

$$\text{ベンゼン} + CH_3CH_2CH_2-Cl \xrightarrow{AlCl_3} \text{イソプロピルベンゼン（クメン）主生成物} + \text{プロピルベンゼン 副生成物}$$

例題5.5

ベンゼンを原料にして,プロピルベンゼンを合成する方法を書きなさい。

解　答

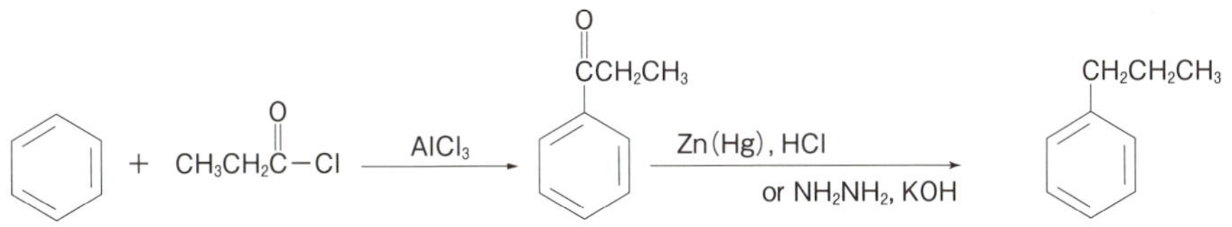

$$\text{ベンゼン} + CH_3CH_2\overset{O}{\overset{\|}{C}}-Cl \xrightarrow{AlCl_3} \text{Ph-COCH}_2CH_3 \xrightarrow[\text{or } NH_2NH_2, KOH]{Zn(Hg), HCl} \text{プロピルベンゼン}$$

ヒント：直鎖アルキルベンゼンは,Friedel-Craftsアシル化に次いでカルボニル基の還元反応で合成できる。

問 5.5

次の反応の生成物を予測しなさい。

1) [PhCH₂CH₂CH₂CH₂Cl] →AlCl₃→

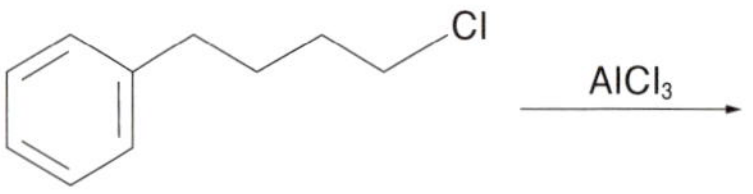

2) [PhCH₂CH₂CH₂COCl] →AlCl₃→

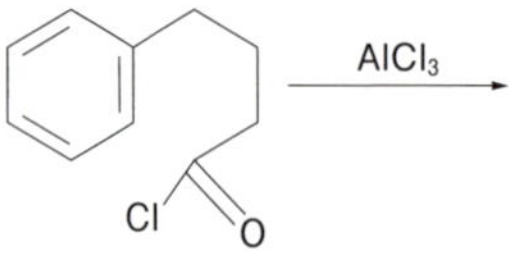

解 答

分子内 Friedel-Crafts 反応を起こし，環状化合物を与える。

1) [PhCH₂CH₂CH₂CH₂Cl] →AlCl₃→ [テトラリン] + HCl

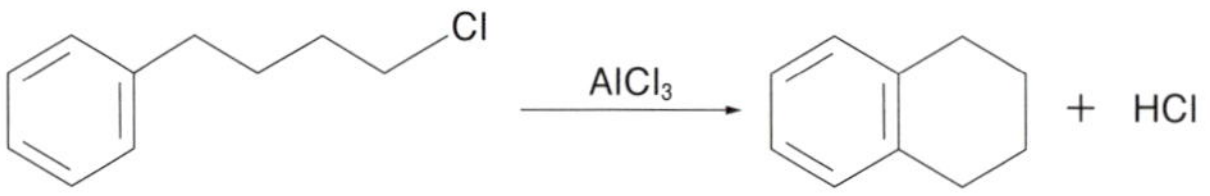

2) [PhCH₂CH₂CH₂COCl] →AlCl₃→ [α-テトラロン] + HCl

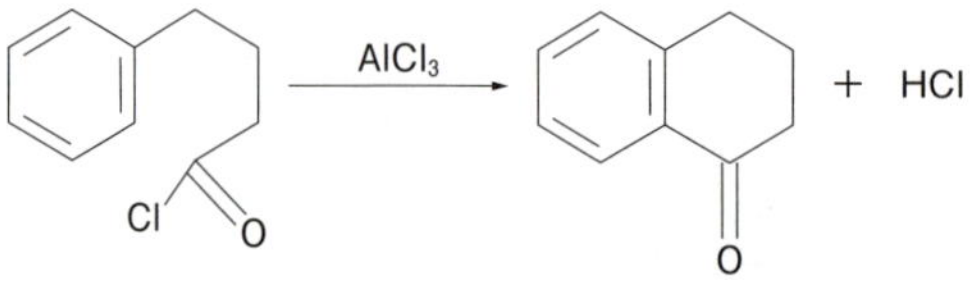

例題5.6

次の化合物をニトロ化した時の主生成物（1つとは限らない）の構造を書きなさい。また，その理由を中間体の共鳴理論を用いて説明しなさい。

1) フェノール →HNO₃/H₂SO₄→

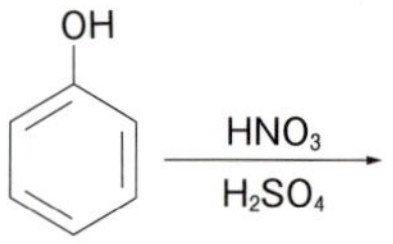

2) ベンズアルデヒド →HNO₃/H₂SO₄→

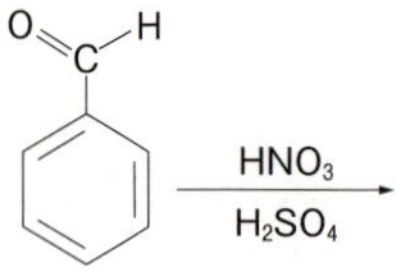

解 答

1) フェノール →HNO₃/H₂SO₄→ o-ニトロフェノール ＋ p-ニトロフェノール

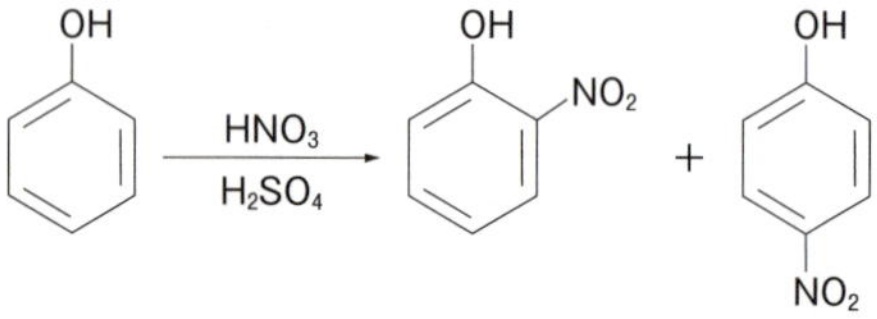

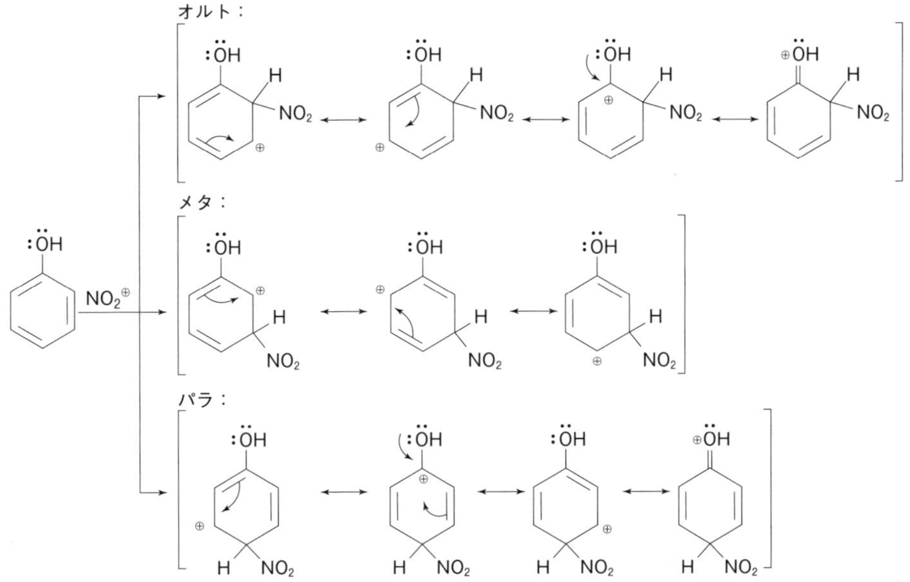

オルトとパラ中間体には酸素原子の孤立電子対が関与した共鳴式が余分に書けるので，メタ中間体より安定であることがわかる。したがって，主生成物は，オルト体とパラ体となる。

2)

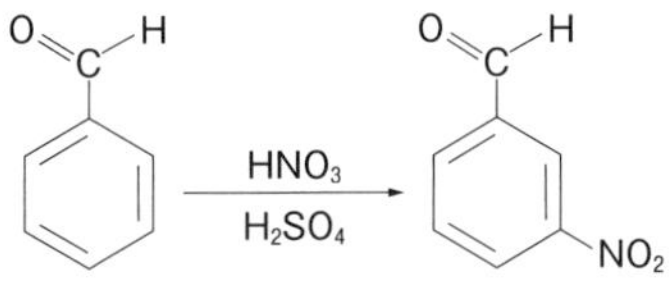

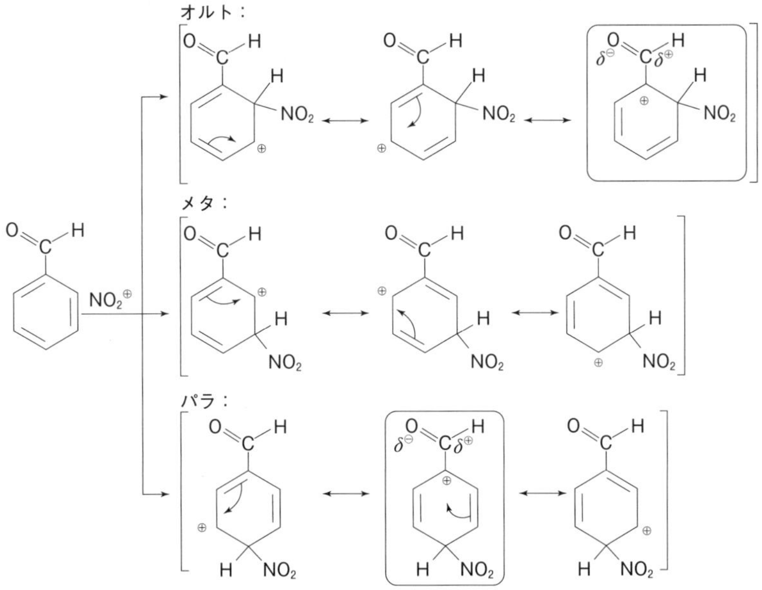

3つとも同じ数の共鳴構造式が書けるが，オルト体とパラ体の囲みのある構造は，正

電荷が隣り合った状態で，不安定構造と見なせる。したがって，主生成物はメタ体となる。

問 5.6

ハロゲンはオルト-パラ配向性でありながら不活性基である。その理由を，共鳴構造式を用いて説明しなさい。

解　答

ハロゲン(X)のオルト-パラ配向性の理由：

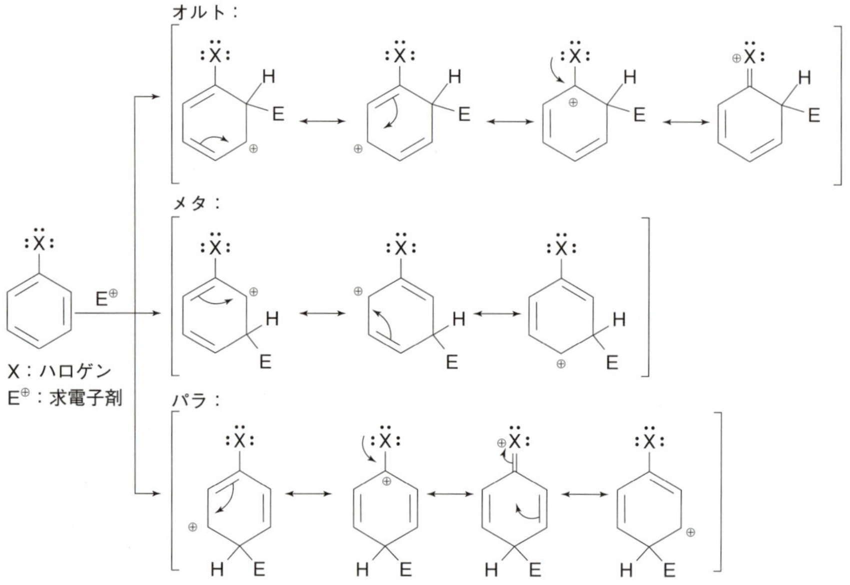

ハロゲンは孤立電子対をもつので電子供与性共鳴効果を示す。共鳴構造式の中で，正電荷がハロゲン上にある共鳴構造は，すべての原子がオクテットを満足するので，比較的安定であり，オルト-パラ配向性を示す。しかし，ハロゲンはベンゼン環の電子を引っぱる誘起効果による不安定化の方が共鳴による安定化より大きく作用し，下図のようなベンゼノニウムイオン中間体を不安定化する。よって，ベンゼンより反応性は低い。

ベンゼノニウムイオンの安定性：

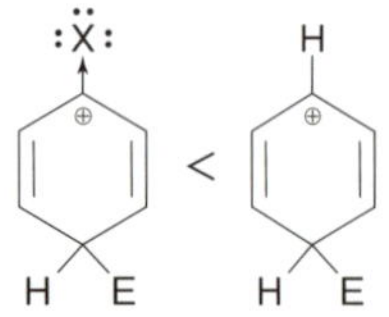

例題5.7

アニリンを HCl で処理した後，FeBr$_3$ 触媒存在下 Br$_2$ と反応させると2,4,6-トリブロモアニリンの代わりにメタ臭素化物が生成する。その理由を説明しなさい。

解　答

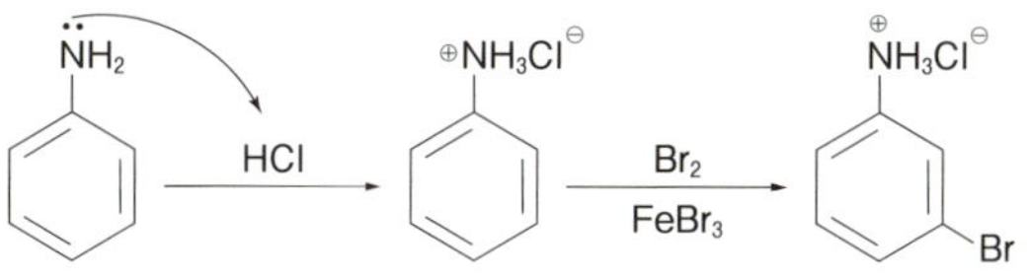

アニリンを酸処理するとアミノ基がプロトン化されてアニリン塩酸塩になる。このプロトン化されたアニリンの配向性は，原料（アニリン：オルト－パラ配向性）とは異なるメタ配向性となり，メタ位に臭素化された生成物ができる。

問 5.7

ベンゼンから次の化合物を合成する方法を反応式で書きなさい。
1) p-ブロモアニリン
2) m-ブロモアニリン

解　答

1) ベンゼン → (HNO₃/H₂SO₄) → ニトロベンゼン → (Sn/HCl) → アニリン → ((CH₃CO)₂O) → アセトアニリド → (Br₂/FeBr₃) → p-ブロモアセトアニリド → (NaOH/H₂O) → p-ブロモアニリン

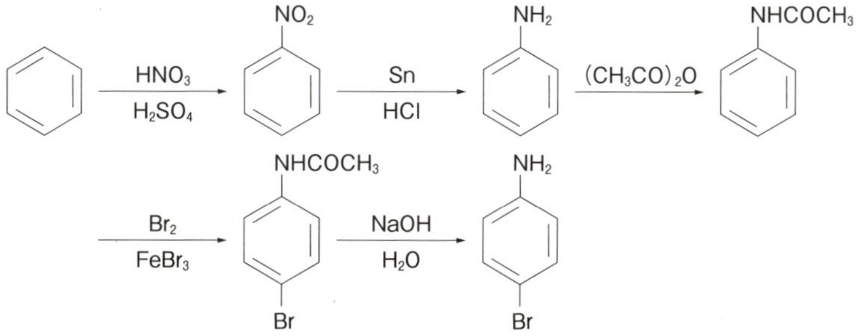

2) ベンゼン → (HNO₃/H₂SO₄) → ニトロベンゼン → (Br₂/FeBr₃) → m-ブロモニトロベンゼン → (Sn/HCl) → m-ブロモアニリン

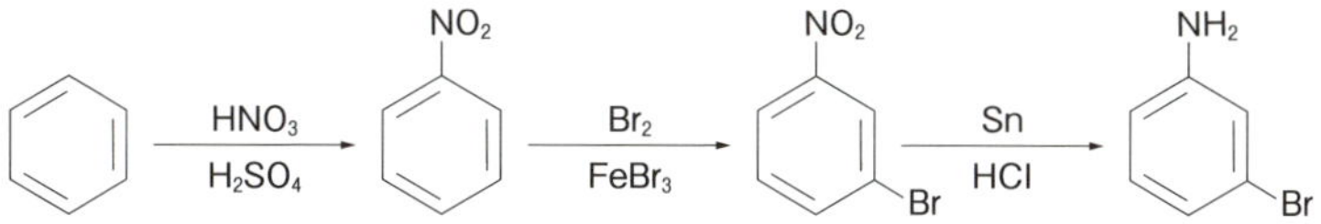

ヒント：1）はアミノ基を無水酢酸で保護し，ブロモ化の後に脱保護反応を行う。
2）はニトロ基の配向性を利用してブロモ化した後に還元反応を行う。

5.3　アルキルベンゼンの反応

CHECK POINT

- ベンゼン環に直接結合している炭素の反応性は高い（ベンジル位炭素）。
- フェニル基にメチレンを加えた基をベンジル基とよび，ベンゼン環側鎖の反応は主にベンジル位で起こる（アルキル鎖のハロゲン化，側鎖の酸化反応）。

例題5.8

アルキル基は一般的には反応性をほとんど示さないが，ベンジル位の原子や基は高い反応性を示す。その理由を説明しなさい。

解　答

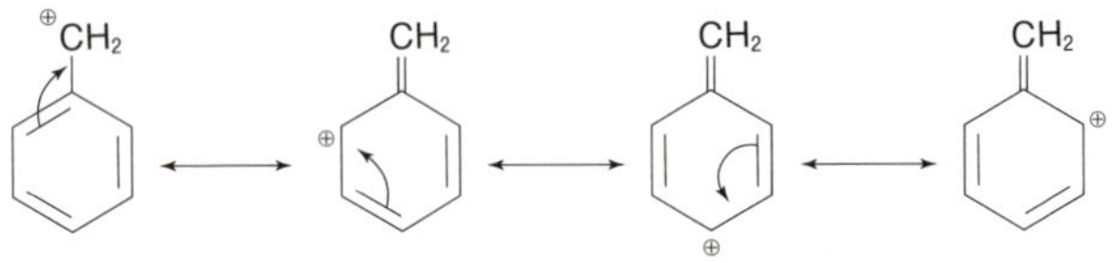
⊕CH2
CH2
⊕
CH2
⊕
CH2
⊕

ベンジル位が高い反応性を示す理由は，中間体として生成するベンジルカルボカチオンが共鳴安定化（上図）されるからである。

問　5.8

次の反応における生成物の構造を書きなさい。

1）
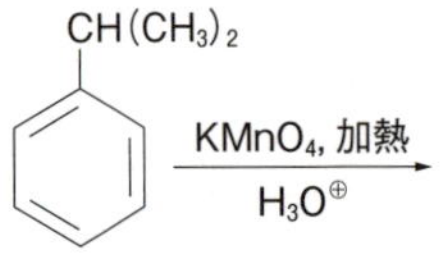
CH(CH3)2
KMnO4, 加熱
H3O⊕

2）
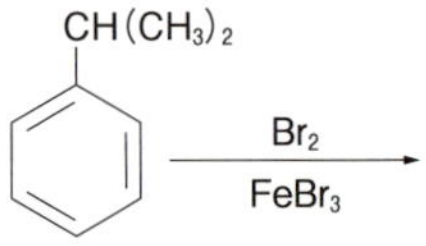
CH(CH3)2
Br2
FeBr3

3）
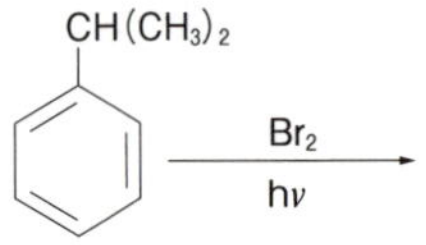
CH(CH3)2
Br2
hν

4）
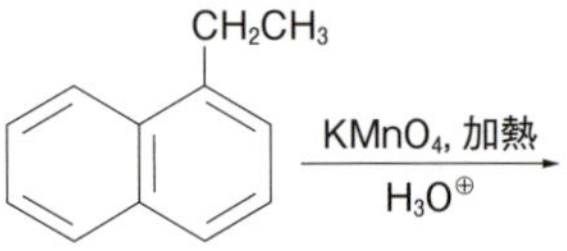
CH2CH3
KMnO4, 加熱
H3O⊕

解　答

1）
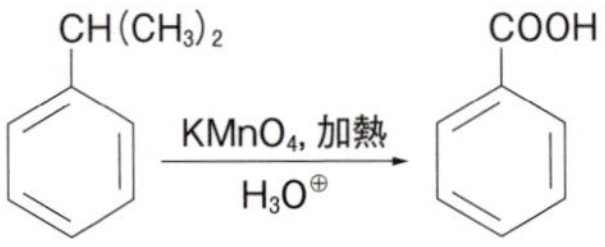
CH(CH3)2
KMnO4, 加熱
H3O⊕
COOH

2）
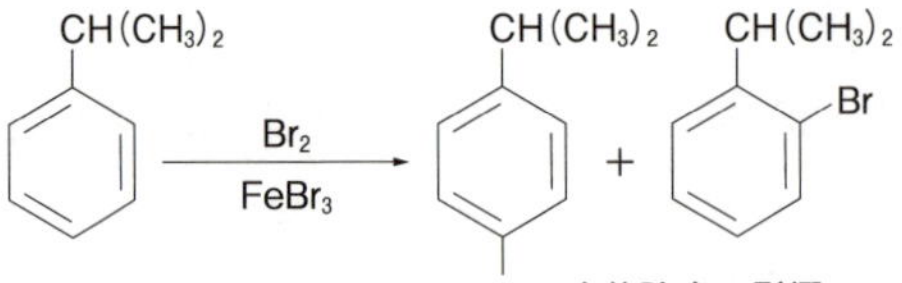
CH(CH3)2
Br2
FeBr3
CH(CH3)2
+
CH(CH3)2
Br

Br　立体障害の影響で，*p*-体が主生成物になる

3）
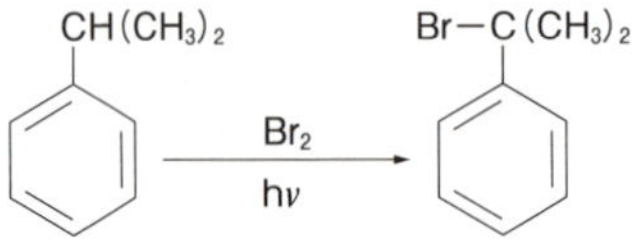
CH(CH3)2
Br2
hν
Br−C(CH3)2

4）
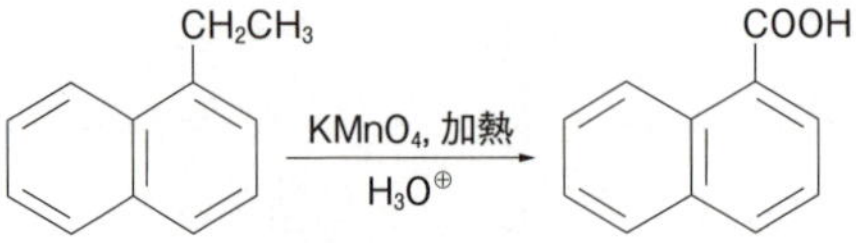
CH2CH3
KMnO4, 加熱
H3O⊕
COOH

例題5.9

次の化合物をニトロ化（1個だけ導入）した時，ニトロ基の導入される場所を矢印（→）で示しなさい。

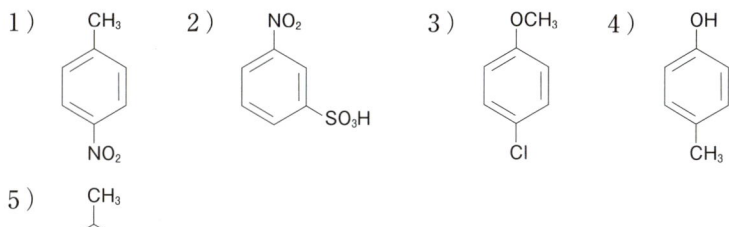

1) 4-ニトロトルエン 2) 3-ニトロベンゼンスルホン酸 3) 4-クロロアニソール 4) 4-メチルフェノール

5) 3-ブロモトルエン

解　答

1) CH₃が o,p 配向、NO₂ が m 配向 → CH₃ のオルト位（2位）

2) NO₂ も SO₃H も m 配向 → 5位

3) OCH₃ が o,p 配向（強）、Cl が o,p 配向（弱）→ OCH₃ のオルト位

4) OH が強い o,p 配向、CH₃ が o,p 配向 → OH のオルト位

5) CH₃ のオルト・パラ位に導入されるが、Br のオルト位（2位）は立体的混み合いのため導入されない

二置換ベンゼンの配向性は，両者がマッチしている時は簡単に予測がつくが，2つの置換基の配向性が対立している時はベンゼン環の活性化度が高い置換基の配向性に従う。

問 5.9

次の化合物をベンゼンから合成する場合，どのような順序で置換基を導入したらよいか合成経路を書きなさい（オルト体とパラ体は分離可能とする）。

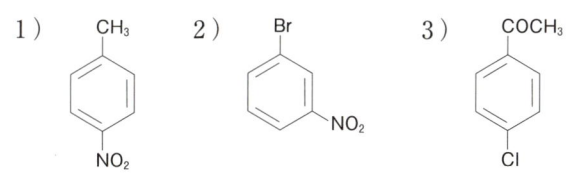

1) 4-ニトロトルエン　2) 3-ブロモニトロベンゼン　3) 4'-クロロアセトフェノン

解　答

1) ベンゼン —CH₃I / AlCl₃→ トルエン —HNO₃ / H₂SO₄→ 4-ニトロトルエン

注）通常アルキル化は多置換体を生じる

2)

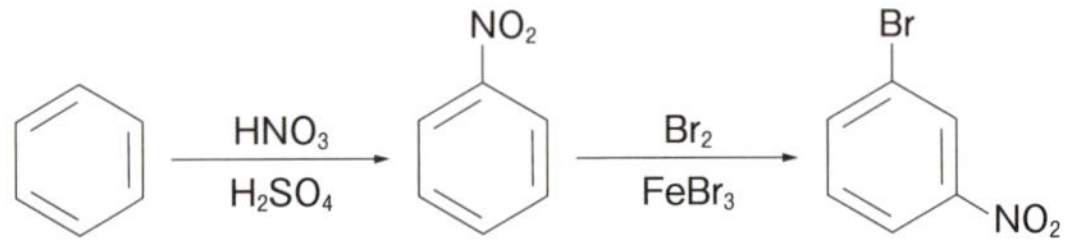

$benzene \xrightarrow{HNO_3/H_2SO_4} nitrobenzene \xrightarrow{Br_2/FeBr_3}$ 3-ブロモニトロベンゼン

3)

$benzene \xrightarrow{Cl_2/AlCl_3} chlorobenzene \xrightarrow{CH_3CO-Cl/AlCl_3}$ 4'-クロロアセトフェノン

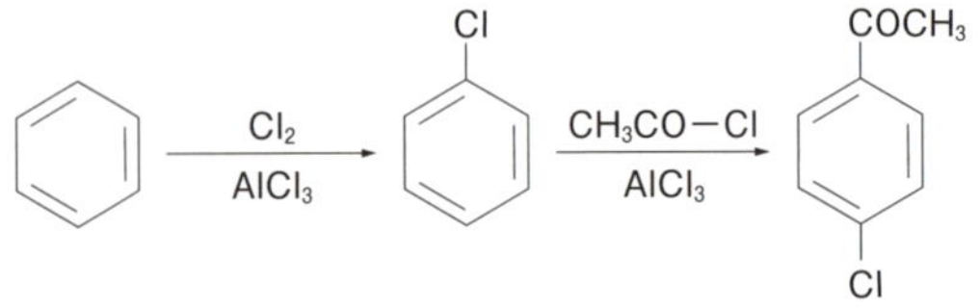

問 5.10

ナフタレンをニトロ化すると1-ニトロナフタレンが主生成物となり，2-ニトロナフタレンは少量しか得られない。その理由を説明しなさい。

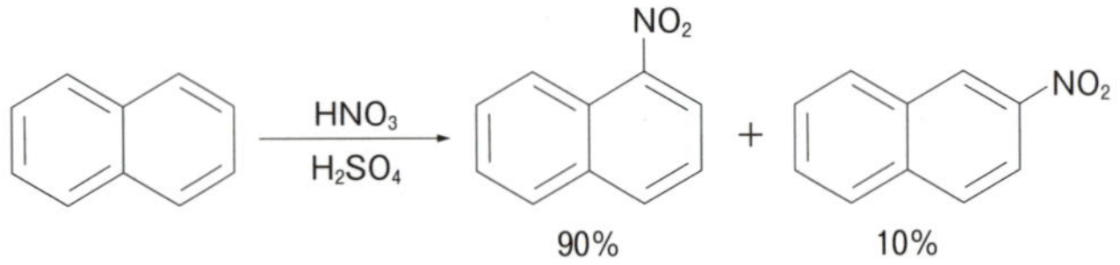

$ナフタレン \xrightarrow{HNO_3/H_2SO_4}$ 1-ニトロナフタレン (90%) + 2-ニトロナフタレン (10%)

解　答

[反応機構の共鳴構造式の図：1位置換の中間体について5個の共鳴構造式、2位置換の中間体について5個の共鳴構造式]

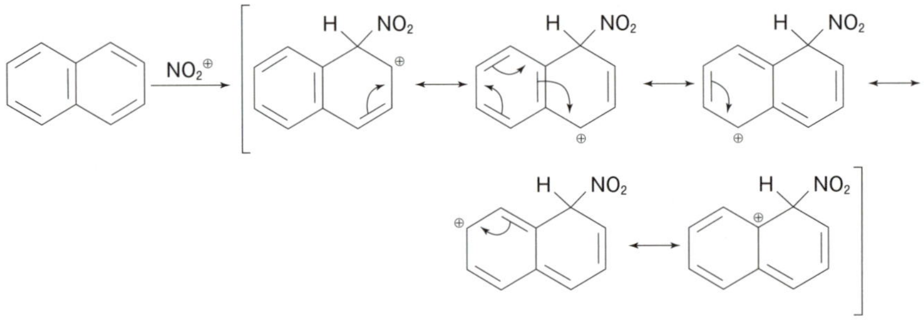

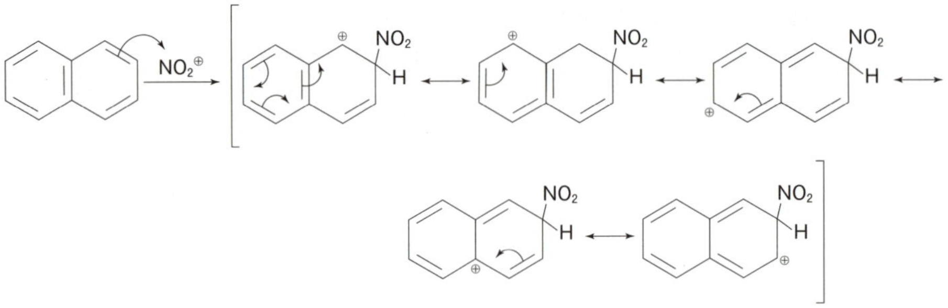

1位および2位置換体とも共鳴構造式は，5個書ける。この中で，寄与の大きいベンゼン環（芳香族性）をもつ構造は，1位置換体が2個に比べ，2位置換体は1個であり，1位に置換した方が，共鳴混成体のエネルギーが低くなり，速度的に有利となる。このように，活性化エネルギーの低い経路を通って進む「速度論支配の反応」では，1-ニトロナフタレンが主生成物となる。一方，生成物の安定性は2位に付加したものの方が安定である。その理由は，1位のニトロ基は8位の水素と立体反発するのに対して，2

位のニトロ基は立体反発が小さいからである。よって，加熱下で行われる反応では2-ニトロナフタレンの生成が有利となる。

6 立体化学

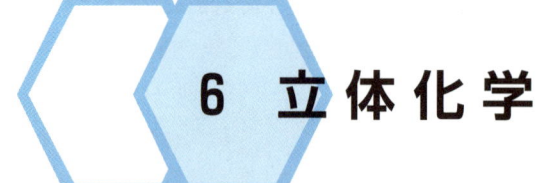

6.1 異性体の種類

CHECK POINT
- 異性体は，同じ分子式をもつ別の化合物であり，大きく分けて構造異性体と立体異性体がある。
- 構造異性体は，同じ組成式をもつが，原子のつながり方が異なり官能基など全く構造の異なる分子同士の関係である。
- 立体異性体は，同じ組成式をもち，原子のつながり方は同じだが，三次元的配置の異なる分子同士の関係である。
- 立体異性体をさらに細かく分類すると，配座異性体，シス-トランス異性体（幾何異性体），鏡像異性体，ジアステレオ異性体がある。

例題6.1

次の異性体に関する問いに答えなさい。

1) C_3H_8O の分子式をもつ構造異性体の構造を書き命名しなさい。
2) 次の化合物をシス-トランスあるいは，Z, E 表記で表しなさい。

① H₃C, H / C=C / H, COOH　② H₃C, H / C=C / COOH, H

③ HOH₂C, H₃C / C=C / Cl, H　④ HOH₂C, H₃C / C=C / H, Cl

解 答

1) 構造異性体

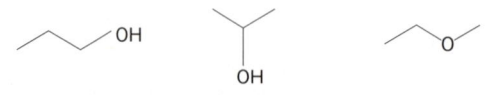

1-プロパノール　2-プロパノール　エチルメチルエーテル

2) シス-トランス異性体（Z, E 表記）

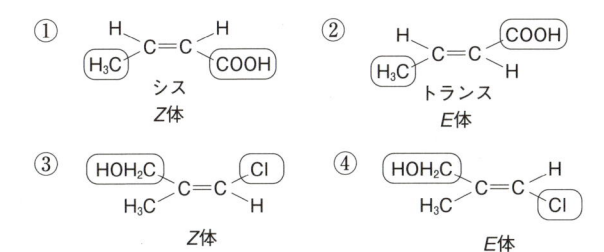

① H₃C\C=C/H シス Z体
    H /   \COOH

② H\C=C/COOH トランス E体
   H₃C/   \H

③ HOH₂C\C=C/Cl Z体
   H₃C /   \H

④ HOH₂C\C=C/H E体
   H₃C /   \Cl

問 6.1

次の異性体に関する問いに答えなさい。

1） ヘプタン（C_7H_{16}）の構造異性体の構造を書き命名しなさい。

2） 次の化合物は Z あるいは E 異性体のどちらか答えなさい。

① H\C=C/H
  H₃C/   \CH₂OH

② H\C=C/COOH
  H₃C/   \CH₂CH₃

③ Cl\C=C/CH₃
  H₃C/   \CH₂Cl

④ BrH₂C\C=C/Cl
   H₃C /   \Br

解 答

1） 9種類の構造異性体がある。

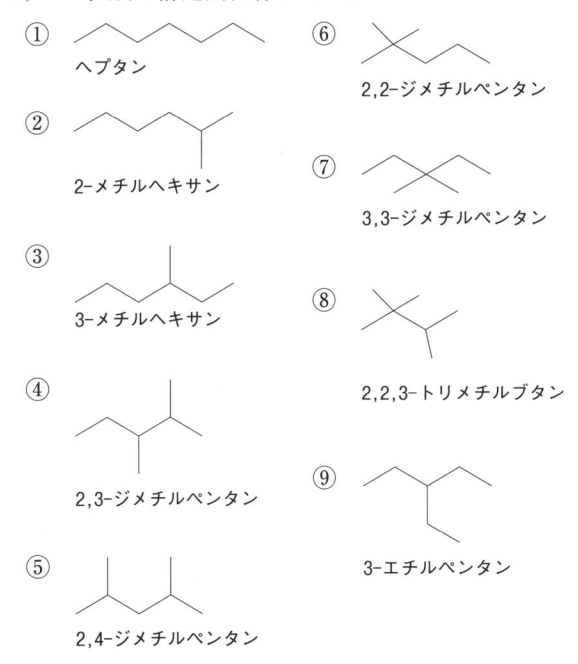

① ヘプタン
② 2-メチルヘキサン
③ 3-メチルヘキサン
④ 2,3-ジメチルペンタン
⑤ 2,4-ジメチルペンタン
⑥ 2,2-ジメチルペンタン
⑦ 3,3-ジメチルペンタン
⑧ 2,2,3-トリメチルブタン
⑨ 3-エチルペンタン

2） 順位規則により，以下のような立体配置になる。

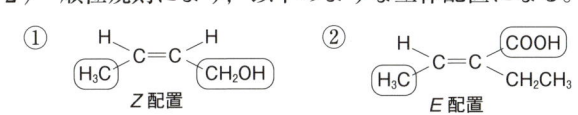

① H\C=C/H   Z 配置
  H₃C/ \CH₂OH

② H\C=C/COOH   E 配置
  H₃C/ \CH₂CH₃

③ Cl\H₃C\C=C/CH₃\CH₂Cl *E*配置   ④ BrH₂C\H₃C/C=C\Cl\Br *E*配置

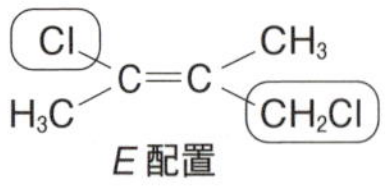

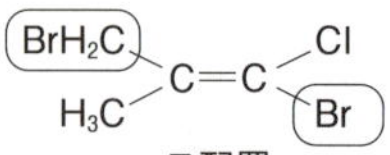

6.2 不斉炭素と鏡像異性体

CHECK POINT
- 4つの異なる置換基をもつ炭素を不斉炭素とよぶ。その炭素を含む化合物はキラルであり，その鏡像関係にある化合物同士を鏡像異性体といい，重ね合わすことができない（enantiomer；エナンチオマー）。
- 鏡像異性体は，融点，沸点などの物理的性質，化学的性質はほとんど同じであるが，平面偏光との相互作用は異なる。
- 片方の鏡像化合物が偏光面を時計回りに回転させる（右旋性）ならば，もう一方は反時計回り（左旋性）に回転させる。このような鏡像化合物を光学活性化合物という。
- 一対の鏡像異性体の1：1混合物はラセミ体（ラセミ混合物）といい，旋光度はゼロとなる。

問 6.2

次の物体をキラル（その鏡像に重ね合わせることができないもの）なものとアキラル（その鏡像に重ね合わせることができるもの）なものに分類しなさい。

1）靴　　2）ゴルフボール　　3）野球のグローブ　　4）バット
5）スプーン　　6）コルク抜き　　7）テニスラケット　　8）コップ
9）肖像画　　10）カタツムリ（ただし，模様等はないものとする）

ヒント：アキラルな物体はすべて対称面をもっている。

解　答

キラル：1）靴，3）野球のグローブ，6）コルク抜き，9）肖像画，10）カタツムリ

アキラル：2）ゴルフボール，4）バット，5）スプーン，7）テニスラケット，8）コップ

例題6.2

次の化合物のうち不斉炭素をもっているのはどれか。また，不斉炭素にはアスタリス

ク（＊印）をつけなさい。

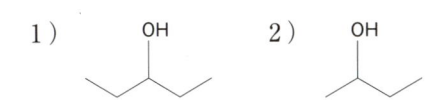

1) CH₃-CH(OH)-CH₂-CH₃ の構造 2) CH₃-CH(OH)-CH₂-CH₃ 類似構造

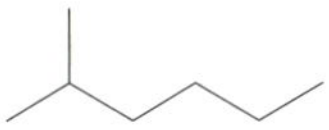

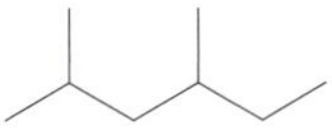

3) 4-メチル構造 4) 分岐構造

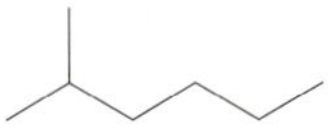

5) Cl-CH₂-CH₂-CH₂-Cl 6) Cl-CH₂-CH(Cl)-CH₃

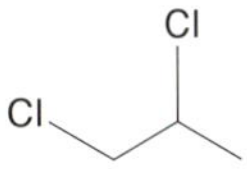

解 答

1) 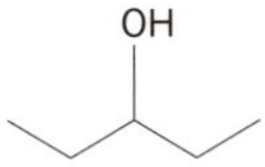 OH付き構造 — アキラル

2) 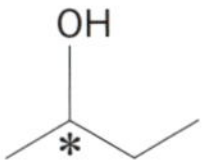 OH付き構造（＊印付き）

3) 分岐構造 — アキラル

4) 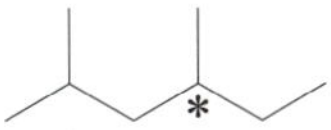 分岐構造（＊印付き）

5) Cl-CH₂-CH₂-CH₂-Cl — アキラル

6) 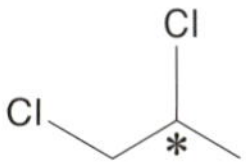 Cl-CH₂-C*(Cl)-CH₃

問 6.3

次の化合物の構造式を書き，キラルとアキラル化合物を分類し，キラル化合物の不斉炭素にはアスタリスク（＊印）を付けなさい。

1) 2-ブタノール　　2) 3-メチルヘキサン　　3) 1,1,2-トリクロロプロパン
4) 2-ブタノン　　5) 3-クロロプロパン酸　　6) クエン酸

解 答

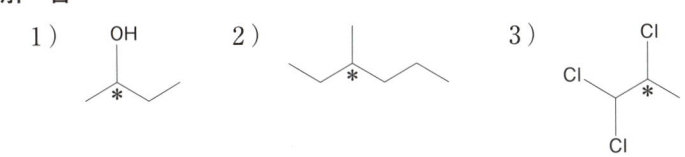

1) CH₃-C*H(OH)-CH₂-CH₃

2) CH₃-CH₂-C*H(CH₃)-CH₂-CH₂-CH₃

3) Cl₂CH-C*H(Cl)-CH₃

4) アキラル   5) Cl—CH₂CH₂—COOH アキラル   6) アキラル

例題6.3

偏光面の回転角を測定する装置を旋光計という。今，1.00 g の試料を10.0 mL のエタノールに溶解し，5.00 cm の試料管で測定したところ，旋光度は−11.3°だった。この試料の比旋光度を計算しなさい（測定条件は，ナトリウム D 線，温度25°）。

解 答

比旋光度の計算式に代入：

$\alpha = -11.3°$

$l = 5.00\ \text{cm} \times 1\ \text{dm}/10\ \text{cm} = 0.500\ \text{dm}$

$c = 1.00\ \text{g}/10.0\ \text{mL} = 0.100\ \text{g/mL}$

よって，

$$[\alpha]_D^{25} = \frac{-11.3}{0.500 \times 0.100} = -226°\ (\text{エタノール})$$

問 6.4

L-アラニン0.200 g を 5 M 塩酸に溶かして10.0 mL とし，長さ10.0 cm の試料管に入れた。旋光度のを測定すると+0.294°であった。比旋光度を計算しなさい（測定条件は，ナトリウム D 線，温度25°）。

解 答

$\alpha = +0.294°$

$l = 10.0\ \text{cm} \times 1\ \text{dm}/10\ \text{cm} = 1.00\ \text{dm}$

$c = 0.200\ \text{g}/10.0\ \text{mL} = 0.0200\ \text{g/mL}$

よって，

$$[\alpha]_D^{25} = \frac{+0.294}{1.00 \times 0.0200} = +14.7°\ (5\ \text{M HCl})$$

例題6.4

ある化合物 X は 2 つのエナンチオマー（+）-X，（−）-X およびラセミ体（±）-X として存在している。X の性質をまとめた表の空欄部分を埋めなさい。

	(+)−X	(−)−X	(±)−X
比旋光度	+12°		
融点 (℃)		170	206
溶解度 (g/100g・H₂O)		139	20.6

解　答

	(+)−X	(−)−X	(±)−X
比旋光度	+12°	−12°	0°
融点 (℃)	170	170	206
溶解度 (g/100g・H₂O)	139	139	20.6

化合物 X は酒石酸で，溶解度は20℃のデータである。

問 6.5

2-ブタノールに関する次の問いに答えなさい。

1) 以下の構造は，(R)-2-ブタノールである。その鏡像体（enantiomer）の構造を書きなさい。

(R)-2-ブタノール

2) 下表は2-ブタノールの性質をまとめた表である。空欄を埋めなさい。

	R体	S体	ラセミ体
比旋光度		+13.5°	
密度 (g/ml)	0.808		
沸点 (℃)	99.5		
屈折率		1.397	

解　答

1) (R)-異性体の鏡像体（enantiomer）は，(S)-異性体である。

(R)-2-ブタノール　　(S)-2-ブタノール

2) 鏡像異性体（enantiomer）は，比旋光度以外の物理的性質は等しい。

	R体	S体	ラセミ体
比旋光度	−13.5°	+13.5°	0°
密度 (g/ml)	0.808	0.808	0.808
沸点 (℃)	99.5	99.5	99.5
屈折率	1.397	1.397	1.397

注) 一般的に，融点 (mp) はラセミ体では異なる。

6.3 不斉炭素の表示方法（立体配置，R-S 表記法）

CHECK POINT
- 鏡像異性体の区別は，Cahn-Ingold-Prelog の順位則を用いて R または S と表記する。
- 三次元模型で，優先順位の一番低い基が，見る人から遠ざかるように分子を動かし，優先順位が最も高い基から次に高い基へと矢印を書いたとき，矢印の方向が右回りなら（R）配置，左回りなら（S）配置である。

例題 6.5

次の置換基を優先順位の高い順番に並べなさい。

1) H, Cl, CH_3, C_2H_5
2) OH, $COOCH_3$, COOH, CH_2OH
3) CH_3, CH_2Cl, CCl_3, CH_2OH
4) NH_2, CN, OH, H

解　答

1) Cl＞C_2H_5＞CH_3＞H
2) OH＞$COOCH_3$＞COOH＞CH_2OH
3) CCl_3＞CH_2Cl＞CH_2OH＞CH_3
4) OH＞NH_2＞CN＞H

問 6.6

次の置換基を優先順位の高い順番に並べなさい。

1) OH, H, CH_2Br, $COOCH_3$
2) OCH_3, $NHCH_3$, SO_3H, Cl
3) Br, I, CH_2NHCH_3, CH_2NH_2
4) OCH_3, $OCH_2C(CH_3)_3$, OCH_2CH_2Cl, CH_3

解　答

1) OH＞CH_2Br＞$COOCH_3$＞H
2) Cl＞SO_3H＞OCH_3＞CH_2NH_2
3) I＞Br＞CH_2NHCH_3＞CH_2NH_2
4) OCH_2CH_2Cl＞$OCH_2C(CH_3)_3$＞OCH_3＞CH_3

例題6.6

次の化合物の立体配置を (R), (S) で表示しなさい。

1) 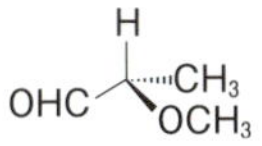 OHC−CH(H)(CH₃)−OCH₃ 2) H₂N−C(Br)(H)−OH 3) HOH₂C−CH(H)(CH₃)−COOH 4) H₃C−CH(H)(Cl)−CH₂OH

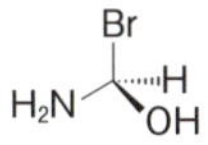

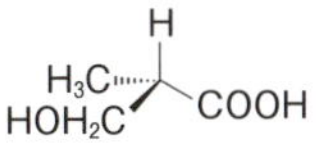

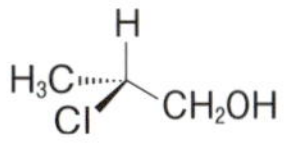

解 答

1) 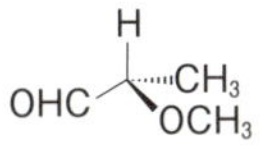 (S) 2) 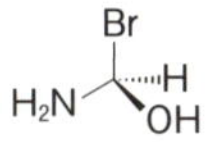 (R) 3) 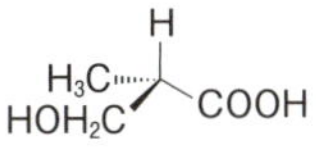 (S) 4) 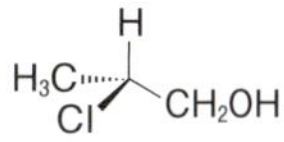 (R)

まず置換基の優先順位を決めて，一番低い置換基を奥に見て，残りの3つの置換基の回りが右回りなら (R)，左回りなら (S) となる。

問 6.7

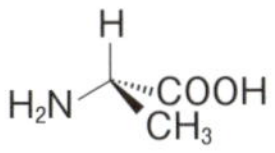

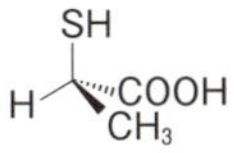

次の化合物の立体配置を (R), (S) で表示しなさい。

1) 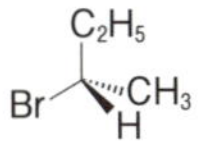 Br−C(C₂H₅)(CH₃)−H 2) H₂N−C(H)(COOH)−CH₃ 3) H−C(SH)(COOH)−CH₃ 4) Br−C(H)(I)−CH₃

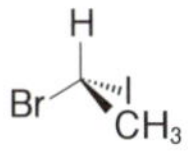

解 答

1) 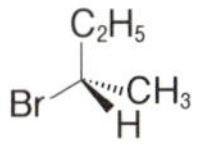 (S) 2) 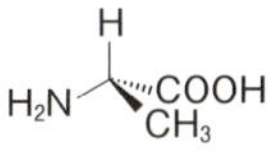 (S) 3) 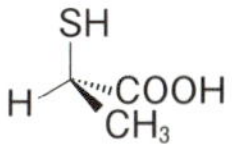 (R) 4) 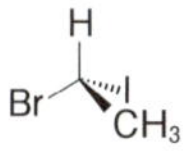 (R)

6.4　鏡像異性体とジアステレオ異性体

CHECK POINT

- フィッシャー投影式は，三次元的置換基配列を二次元的に表記できるように E. Fischer（E. フィッシャー）が考案したものである（水平線は紙面の上（手前），垂直線は紙面の下（奥），交点は不斉炭素に相当）。
- 立体異性体の数は不斉炭素の関数で表され，不斉炭素の数を n とすると最大 2^n 個の立体異性体が存在する。そして，最大 $2^n/2$ 個の鏡像異性体が存在する。
- 不斉炭素が2つ以上ある場合，鏡像関係にない立体異性体が存在し，お互いが鏡像関係にない組合せをジアステレオ異性体（ジアステレオマー）という。
- 2つ以上の不斉炭素をもつ立体異性体のうち，分子内に対称面をもつ分子は光学不活性であり，メソ化合物という。

例題6.7

次の化合物の立体配置を (R), (S) で表示しなさい。

1)
```
      CH₃
  Cl──┼──H
      C₂H₅
```

2)
```
      COOH
 H₃C──┼──OH
      H
```

解 答

1)
```
       CH₃ ③
  ①Cl──┼──H ④
       C₂H₅ ②
       (R)
```
優先順位：Cl＞C₂H₅＞CH₃＞H
①→②→③は，左回り
最低順位のHが水平位置にあるとき，右回りは(S)，左回りは(R)なので
この立体配置は(R)である。

2)
```
         COOH ②
  ③H₃C──┼──OH ①
         H ④
        (S)
```
優先順位：OH＞COOH＞CH₃＞H
①→②→③は，左回り
最低順位のHが<u>垂直位置</u>にあるとき，右回りは(R)，左回りは(S)なので，
この立体配置は(S)である。

注）優先順位の最低の置換基が水平位置にあるか，垂直位置にあるかを確認することが重要である。

問 6.8

次の化合物の立体配置を (R), (S) で表示しなさい。

1)
```
      COOH
  H──┼──NH₂
      CH₂OH
```

2)
```
       H
  H₃C──┼──CHO
       CH₂OH
```

3)
```
       CH₂SH
  HO──┼──COOH
       H
```

4)
```
       C(CH₃)₃
  H₃C──┼──H
       CH(CH₃)₂
```

解 答

1)
```
       COOH ②
  H──┼──NH₂ ①
       CH₂OH ③
       (R)
```

2)
```
          H
  ③H₃C──┼──CHO ①
          CH₂OH ②
          (R)
```

3)
```
           ②
          CH₂SH
  ①HO──┼──COOH ③
          H
          (R)
```

4)
```
          C(CH₃)₃ ①
  ③H₃C──┼──H
          CH(CH₃)₂ ②
          (S)
```

例題6.8

次の化合物に対する操作で立体配置はどうなるか答えなさい。

1)
```
       H
  H₃C──┼──Br    H ⇔ Br
       C₂H₅    ────────→
                 1組の変換
  (R)-2-ブロモブタン
```

2)
```
       H
  H₃C──┼──Br    90°の回転
       C₂H₅    ────────→
                 時計方向
  (R)-2-ブロモブタン
```

解　答

1)

$$\text{H}_3\text{C} \overset{\text{H}}{\underset{\text{C}_2\text{H}_5}{\vert}} \text{Br} \xrightarrow[\text{1 組の変換}]{\text{H} \leftrightarrow \text{Br}} \text{H}_3\text{C} \overset{\text{Br}}{\underset{\text{C}_2\text{H}_5}{\vert}} \text{H}$$

(R)-2-ブロモブタン　　　　(S)-2-ブロモブタン

フィッシャー投影図の規則では，偶数回（$2n$ 回）の交換は同一物，奇数回（$2n-1$ 回）の交換は enantiomer となる（ただし，n は整数）。

2)

$$\text{H}_3\text{C} \overset{\text{H}}{\underset{\text{C}_2\text{H}_5}{\vert}} \text{Br} \xrightarrow[\text{時計方向}]{90°\text{ の回転}} \text{C}_2\text{H}_5 \overset{\text{CH}_3}{\underset{\text{Br}}{\vert}} \text{H}$$

(R)-2-ブロモブタン　　　　(S)-2-ブロモブタン

フィッシャー投影図の規則では，時計方向 $2n \times (\pi/2)$ の回転は同一物，$(2n-1) \times (\pi/2)$ の回転は enantiomer となる（ただし，n は整数）。

問 6.9

次は 2,3-ジブロモブタンの構造の 1 つを三次元図で表したものである。各問に答えなさい。

（2,3-ジブロモブタンの三次元構造図）

2,3-ジブロモブタン

1) この化合物には立体異性体はいくつ存在するか。これらの構造をフィッシャー投影図で書き，各不斉炭素を (R), (S) 表記しなさい。
2) この化合物にはキラルな鏡像異性体 (enantiomer) がいくつ存在するか答えなさい。
3) この化合物の各立体配置の相互関係を図で表しなさい。

解　答

1) 不斉炭素が 2 つあるので，立体異性体は以下の 4 つが書ける（不斉炭素の数を n とすると最大 2^n 個の立体異性体が存在）が，1 と 1' は鏡像異性体ではなく同一物であり，分子内に対称面をもつメソ化合物である。よって，立体異性体数は 3 つとなる。

（フィッシャー投影図 1, 1', 2, 3 — 各不斉炭素に S/R 表記）

1　　1'　　2　　3

2) 上記 1) から 1 と 1' は同一物であり，光学不活性（アキラル）である。よって，

enantiomer は，2 と 3 の化合物の 2 つとなる。

3) 2 と 3 の関係は enantiomer の関係であるが，それ以外の立体異性体の関係は，ジアステレオ異性体（ジアステレオマー）の関係となる（次図参照）。

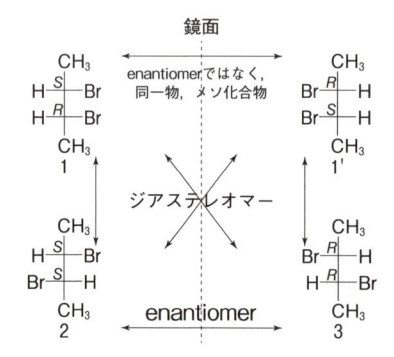

問 6.10

例題からもキラル中心をもつからといって光学活性とは限らないことがわかった。すなわち，キラル中心をもつことが光学活性の必要十分条件ではないのである。それでは，次の化合物はいずれも不斉炭素はもたないが，enantiomer が存在するかどうかを答えなさい（分子不斉）。

解　答

1) 左右の置換基は直交しており，enantiomer は存在する。
2) 左右の置換基は同じ紙面上にあり，enantiomer は存在しない。
3) 紙面上に対称面をもつので，enantiomer は存在しない。
4) ベンゼン環上の炭素鎖（ストラップ）がベンゼン環周囲の自由回転を押さえているので，enantiomer は存在する。

参　考

軸性キラリティー

allene（アレン）は，中央の炭素原子は sp 混成，両端の炭素原子は sp^2 混成である。炭素 C_1 に結合する 2 個のリガンド X, Y のつくる面と，C_3 に結合する 2 個のリガンド

X, Y のつくる面とは直交している。下図のように1個の炭素原子に結合している2個のリガンドが同じリガンドでなければ重ね合わすことはできず光学活性（軸性キラリティー）となり，両者は enantiomer の関係にある。

biphenyl（ビフェニル）は，2つのベンゼン環が直交するよりも同一平面にある方が共役系が伸びて安定である（実際は2つのベンゼン環は約20°ねじれている）。しかし，オルト位に置換基が導入されるとその平面性は完全に失われ，2つの環の対称面が一致しなくなると allene と同様に光学活性になる。次図のようにベンゼン環についたリガンド A, B がそれぞれ異なる時に光学活性となる（ただし，回転を阻害するためには，置換基の大きさがある程度必要）。

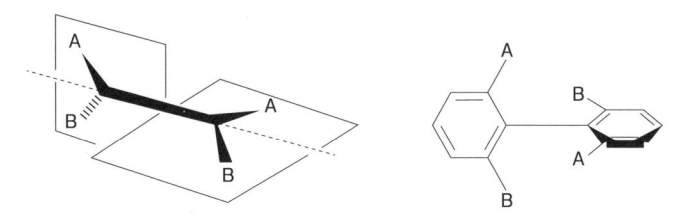

面性キラリティー

ansa（アンサ）化合物では，非対称な面が面につけられた柄（バスケットハンドル）をくぐり抜けることができないために不斉となる。

下図のように対称面で2等分されない面が，面に取り付けられた柄によって回転できなくなるために光学活性（面性キラリティー）となり，両者は enantiomer の関係にある。

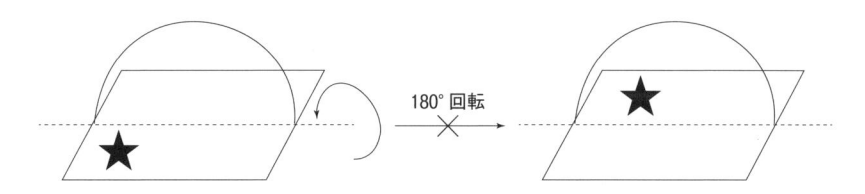

＊分子不斉には軸性キラリティーと面性キラリティーがあり，軸性キラリティーは，炭素-炭素結合の自由回転ができない置換アレンや置換ビフェニルが，面性キラリティーは，環状置換ベンゼンや置換アルケンが代表的である。

7 有機ハロゲン化合物の化学

7.1 求核置換反応

CHECK POINT

求核置換反応について
- ハロゲン化アルキルの物理的な性質は，C−X結合間の分極の大きさとハロゲンXの分極率に大きく影響される。
- ハロゲン化アルキルが，電子を豊富に持つ求核剤に攻撃を受け，ハロゲン原子（脱離基）が求核剤と置き換わる反応を求核置換反応（Nucleophilic Substitution reaction；S_N反応）という。

$S_N 1$反応と$S_N 2$反応
- 出発物質から脱離基が脱離してカルボカチオン中間体が生じ，続いて求核攻撃が起こる1分子的な求核置換反応を$S_N 1$反応という（1段目の反応が律速段階）。
- 求核剤による攻撃と脱離基の脱離が同時に進行する2分子的な求核置換反応を$S_N 2$反応という（求核剤は脱離基に対して反対方向から攻撃する）。
- $S_N 1$反応の起こりやすさは，原料のアルキル部分の骨格，すなわちカルボカチオン中間体の安定性（第三級＞第二級＞第一級，メチルの順）に依存する。

```
    R           R           H           H
    |           |           |           |
R—C—X       R—C—X       R—C—X       H—C—X
    |           |           |           |
    R           H           H           H

  大  ←――― $S_N 1$ 反応の起こりやすさ ―――→  小
```

- $S_N 2$反応の起こりやすさは，求核剤が脱離基の反対側から攻撃するため，原料のアルキル部分の骨格，すなわち混み合いが少ない方（メチル，第一級＞第二級＞第三級の順）が有利となる。

```
    R           R           H           H
    |           |           |           |
R—C—X       R—C—X       R—C—X       H—C—X
    |           |           |           |
    R           H           H           H

  小  ――― $S_N 2$ 反応の起こりやすさ ―――→  大
```

求核試薬の求核性と脱離基の脱離能
- アニオンは対応する中性分子より求核性が高い（$OH^\ominus$＞HOH，$RO^\ominus$＞ROH）。

- 同一元素の求核種では塩基性の高い方が求核性は高い（$CH_3O^\ominus > OH^\ominus$）。
- 同族元素であれば周期律表の下の元素の方が求核性は高い（$I^\ominus > Br^\ominus > Cl^\ominus$）。
- よく利用される求核剤の強さは以下のようになる；$SH^\ominus > CN^\ominus > I^\ominus > SCN^\ominus >$ $Ph-NH_2 > OH^\ominus > Br^\ominus > Cl^\ominus > CH_3COO^\ominus > F^\ominus > NO_3^\ominus > Ph-SO_3^\ominus > H_2O$
- 脱離基は脱離後安定なものほど脱離しやすく，脱離能はその共役酸の強さに比例する（H_2O，$Cl^\ominus$，$Br^\ominus$，$I^\ominus$，ハロゲンの脱離能：$I^\ominus > Br^\ominus > Cl^\ominus$）。

S_N1 反応と S_N2 反応の立体化学

- キラルな原料で S_N1 反応が進行するとラセミ化が起こる。
- S_N2 反応は背面からの攻撃によって進行するので，反応中心で立体配置の反転（Walden（ワルデン）反転）が起こる。

例題7.1

次の反応式は，一般的な求核置換反応（S_N1 反応）を表している。次のように反応条件を変えた時の変化を答えなさい。

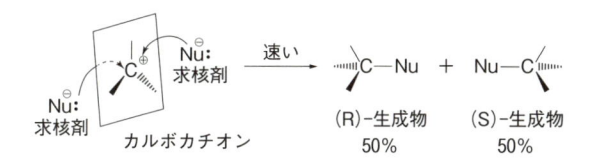

1) 反応基質が，ブロモメタンと2-ブロモ-2-メチルプロパンの時の反応性の違いを説明しなさい。
2) 求核剤の濃度を2倍にした時の反応速度の変化を説明しなさい。
3) キラルな基質を原料とした時，生成物の光学活性は失われる。その理由を説明しなさい。
4) 上記のような反応では溶媒はエタノールのようなプロトン性極性溶媒がよく用いられる。その理由を説明しなさい。

解答

1) S_N1 反応は2段階反応であり，1段目のカルボカチオン中間体の生成が律速段階となる。よって，反応速度の比較では，カルボカチオンの安定性の順序，第三級＞第二級＞第一級に従うことになる。よって，ブロモメタンではほとんど反応は起こらず，第三級の2-ブロモ-2-メチルプロパンの反応が起こる。
2) 問1）と同様に，S_N1 反応は1段目が律速段階であり，ここには求核剤は関与

していない。したがって，全体の反応速度には求核剤の濃度は依存せず，求核剤濃度を2倍にしても反応速度に変化はない（生じたカルボカチオンは直ちに求核剤と反応してしまう）。

3) カルボカチオンは sp² 混成の電子状態で平面構造をとっている。この時，求核剤はカルボカチオン平面のどちら側からも同じ確率で反応し，結果的には2つのエナンチオマーの50：50混合物（ラセミ化）が生成するので光学活性は失われる。

4) エタノールのようなプロトン性極性溶媒は，S_N1 反応の分極した遷移状態を溶媒和によって安定化し，反応速度を速めるからである。

問 7.1

次の各化合物を S_N1 反応の起こりやすい順序に並べなさい。

1) ～/Br　　～/Br　　＞/Br

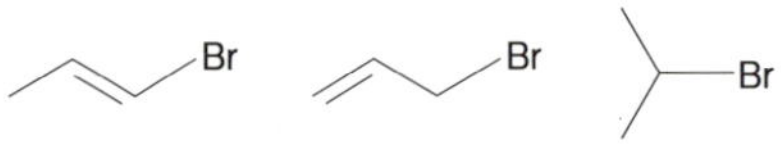

2) ◯-CH₂Br　　O₂N-◯-CH₂Br　　H₃CO-◯-CH₂Br

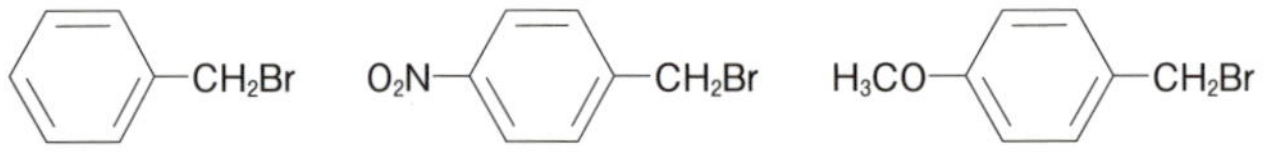

3) Br　　Cl　　Br

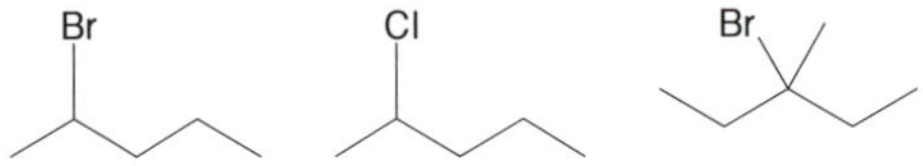

解 答

1) ～/Br ＞ ＞/Br ＞ ～/Br

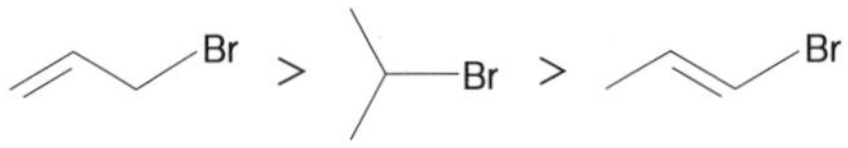

3-ブロモプロペンは，アリルカチオンの共鳴安定化が大きくカルボカチオンになりやすい。

⊕～ ⟷ ～⊕

一方，1-ブロモプロペンは，下図の共鳴による C − Br 結合が強く，Br⁻ の脱離は困難である。

～Br ⟷ ⊖～Br⊕

2) H₃CO-◯-CH₂Br ＞ ◯-CH₂Br ＞ O₂N-◯-CH₂Br

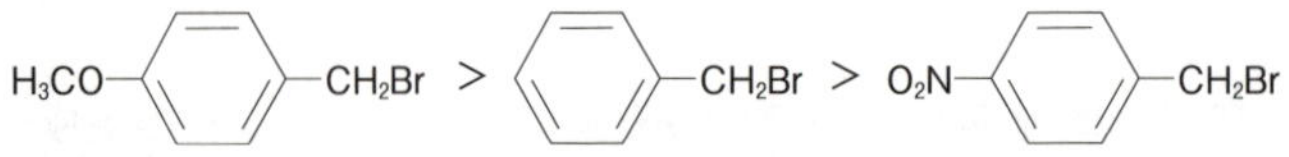

Br⁻ の脱離した後のカルボカチオンの安定性は，ベンゼンのパラ位にM効果電子供与性基があると安定化し，M効果電子求引性基があると不安定化する（ベンゼン環を含む共鳴構造）。

3)

脱離基のついた炭素の骨格を比較した時，S_N1 反応はカルボカチオンの安定性の順序，第三級＞第二級＞第一級に従う。次に，脱離基の脱離能は，$I^{\ominus}>Br^{\ominus}>Cl^{\ominus}$ の順序である。

例題7.2

次の反応式は，一般的な求核置換反応（S_N2 反応）を表している。反応条件を変えた時の変化を答えなさい。

$Nu^{\ominus} + R\overset{\delta^{\oplus}}{-}\overset{\delta^{\ominus}}{X}: \longrightarrow R-Nu + :X:^{\ominus}$

求核剤　求電子剤　溶媒：C_2H_5OH　　　　脱離基

1) 求電子剤が，ヨードエタンとフルオロエタンではどちらの反応が速く起こるか。
2) 求電子剤が，ブロモエタンと2-ブロモ-2-メチルプロパンではどちらの反応が速く起こるか。
3) 求核剤が，ナトリウムエトキシドとナトリウムエタンチオラートの場合はどちらの反応が速く起こるか。
4) 溶媒をプロトン性極性溶媒から非プロトン性極性溶媒に変えるとどうなるか。

解　答

1) ハロゲンの脱離能：$I^{\ominus}>Br^{\ominus}>Cl^{\ominus}>F^{\ominus}$

　　脱離基の能力は塩基の強さと逆の関係にある。弱い塩基ほど負電荷受容能が高く，脱離基としての能力も大きい。言い換えれば，脱離能の大きな脱離基は弱塩基であり，強酸の共役塩基である。よって，ヨードエタンの方が反応は速く起こる。

2) S_N2 反応においては，脱離基 X のついた炭素の立体効果の比較では，混み合いが少ない方（第一級＞第二級＞第三級の順）が有利である。2-ブロモ-2-メチルプロパンは第三級で，3つのメチル基が大きな立体障害となり，求核剤の攻撃をブロックしほとんど生成物を与えない。よって，ブロモエタンの方が反応は速く起こる。

3) 同族列の求核性の能力：$RS^{\ominus}>RO^{\ominus}$

周期表の同族列では，大きな硫黄原子の方が酸素原子より分極しやすく，求核性も大きい。よって，エタンチオラートの方が反応は速く起こる。

4) プロトン性極性溶媒は，アニオンを溶媒和する。一方，非プロトン性極性溶媒はカチオンを溶媒和してアニオンを引き離すので，負の電荷をもつ求核剤に対する溶媒和が減少する。これにより求核剤が活性化され，反応は加速される。

問 7.2

次の各化合物を S_N2 反応の起こりやすい順序に並べなさい。

1)

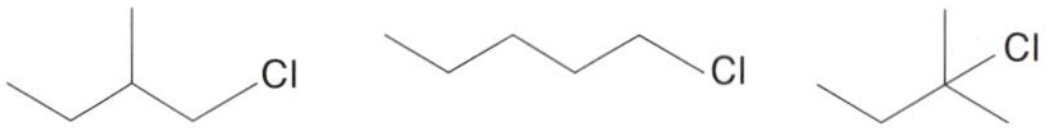

2)

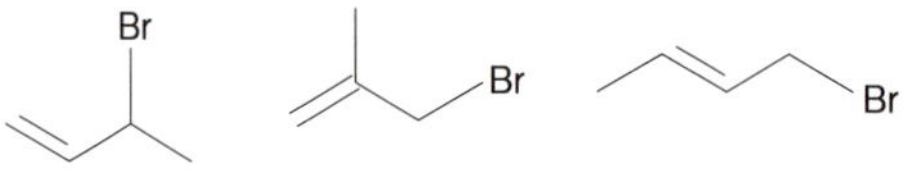

解 答

1)

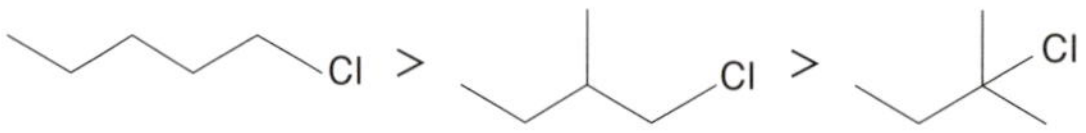

2)

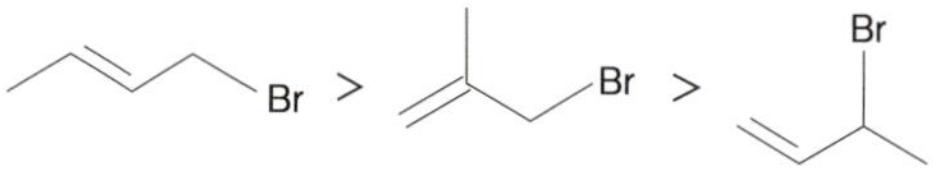

問1），2）とも S_N2 反応は，脱離基のついた炭素骨格を比較した時，混み合いが少ない方（メチル，第一級＞第二級＞第三級の順）が有利となる。

問 7.3

次の反応の生成物（立体配置含む）を予想しなさい。

1) (R)-2-ブロモブタン $\xrightarrow[S_N1反応条件]{H_2O}$

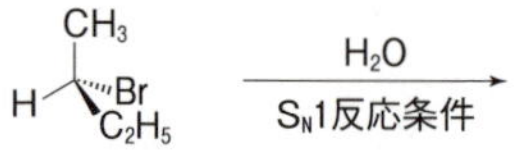

2) (R)-2-ブロモブタン $\xrightarrow[S_N2反応条件]{OH^\ominus}$

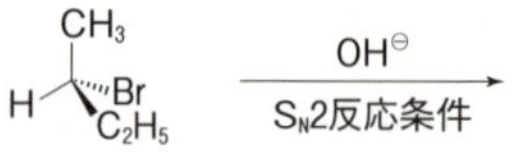

解 答

1) S_N1 反応条件ならば，2つの置換体が得られ，一方は原料と同じ立体配置で，もう一方は立体配置が反転した生成物である。

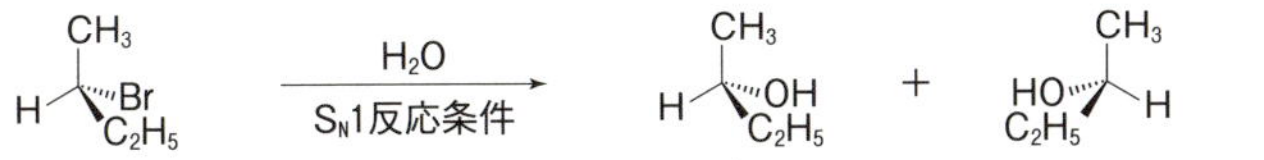

(R)-2-ブロモブタン   (R)-2-ブタノール   (S)-2-ブタノール

2) S$_N$2反応条件ならば，原料とは逆の立体配置 Walden 反転の生成物である。

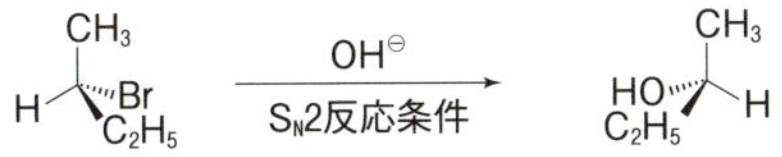

(R)-2-ブロモブタン   (S)-2-ブタノール

例題7.3

次の反応生成物を予想しなさい。

1) cis-1-ブロモ-2-メチルシクロペンタン + H–Ö–H → （50％アセトン-50％水混合溶媒）

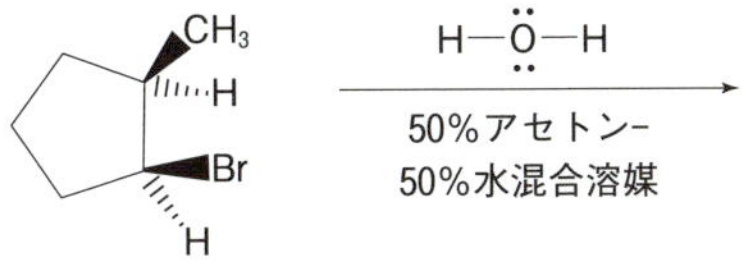

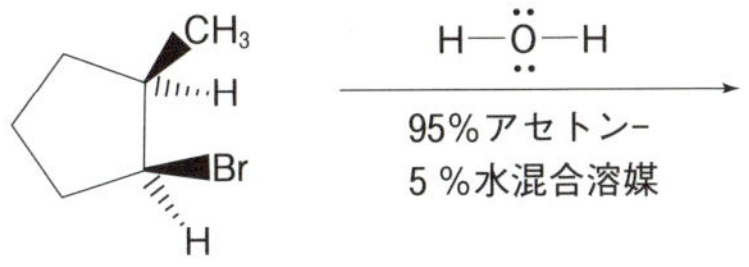

2) cis-1-ブロモ-2-メチルシクロペンタン + H–Ö–H → （95％アセトン-5％水混合溶媒）

解 答

1) 50％アセトン－50％水混合溶媒は極性が高く良好なイオン化溶媒であり，S$_N$1反応機構で進行するので，生成物はシス体とトランス体の両方の生成物となる。

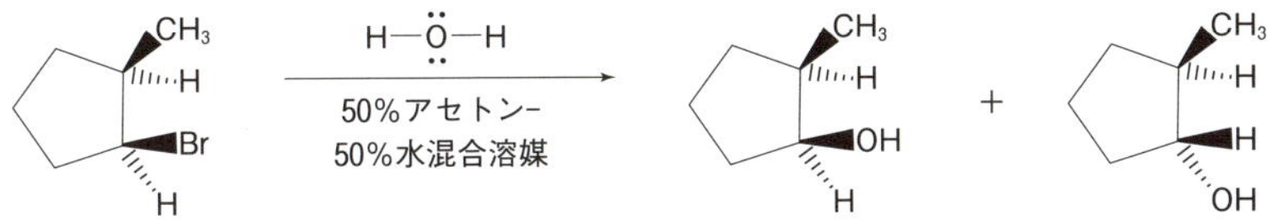

cis-1-ブロモ-2-メチルシクロペンタン → cis-2-メチルシクロペンタノール ＋ trans-2-メチルシクロペンタノール

2) 95％アセトン－5％水混合溶媒は極性が低く，S$_N$2反応機構で進行するので，生成物はトランス体の生成物となる。

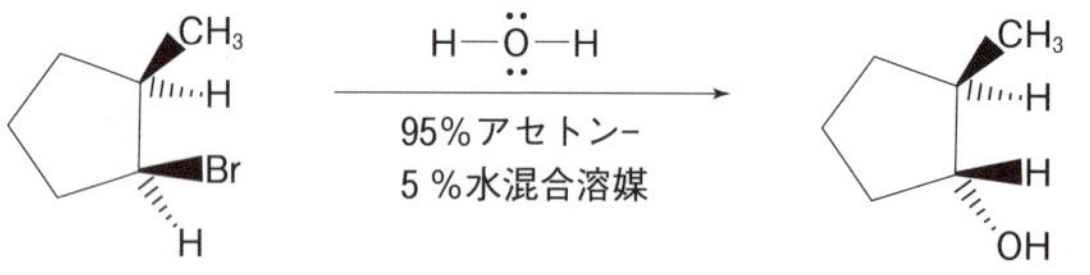

cis-1-ブロモ-
2-メチルシクロペンタン

95％アセトン-
5％水混合溶媒

trans-2-メチル
シクロペンタノール

7.2 脱離反応

CHECK POINT

脱離反応について
- ハロゲン化アルキルは求核置換反応とともに脱離反応（Elimination reaction；E反応）を起こす。
- ハロゲン化アルキルの脱離は，Zaitsev（ザイツェフ）則（かさ高くない塩基，内部アルケンの生成）かHofmann（ホフマン）則（かさ高い塩基，末端アルケンの生成）に従う。

E1反応とE2反応
- 出発物質から脱離基が解裂してカルボカチオン中間体が生じ，続いてβ位の水素原子が塩基でプロトンとして引き抜かれアルケンを生じる脱離反応をE1反応という（1段目の反応が律速段階）。
- 強塩基によるβ位の水素原子引き抜きと脱離基の解裂が，同一平面反対方向で同時に進行する2分子的な脱離反応をE2反応という（アンチ脱離）。

例題7.4

2-ブロモ-2-メチルプロパンを常温でメタノールに溶解すると置換生成物の他にアルケンが生成する。その反応機構を説明しなさい。

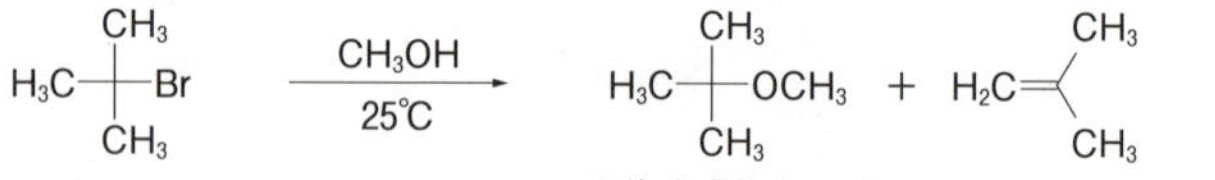

2-ブロモ-2-メチルプロパン　　置換生成物(80％)　　アルケン(20％)

解答

この反応条件（中性）では，主に置換反応はS_N1反応機構で進行する。

1)

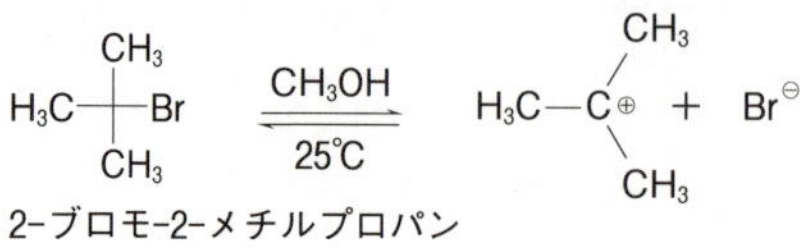

2-ブロモ-2-メチルプロパン

2)

$$H_3C-\underset{\underset{CH_3}{|}}{\overset{\overset{CH_3}{|}}{C}}{}^{\oplus} \xrightarrow[S_N1]{CH_3\ddot{O}H} H_3C-\underset{\underset{CH_3}{|}}{\overset{\overset{CH_3\ H}{|\ |}}{C}-\overset{\oplus}{O}CH_3} \longrightarrow H_3C-\underset{\underset{CH_3}{|}}{\overset{\overset{CH_3}{|}}{C}}-OCH_3$$

2-メトキシ-2-メチルプロパン

一方，カルボカチオン中間体に隣接する炭素からプロトンがメタノール酸素の非共有電子対によって引き抜かれる経路も可能である。これが脱離反応で，ここではハロゲン化アルキルの濃度だけに依存するので，E1 反応という。

1)

$$H_3C-\underset{\underset{CH_3}{|}}{\overset{\overset{CH_3}{|}}{C}}-Br \xrightleftharpoons[25℃]{CH_3OH} H_3C-\underset{\underset{CH_3}{|}}{\overset{\overset{CH_3}{|}}{C}}{}^{\oplus} + Br^{\ominus}$$

2-ブロモ-2-メチルプロパン

2)

$$H_3C-\underset{\underset{CH_3}{|}}{\overset{\overset{H_2C-H}{|}}{C}}{}^{\oplus} \xrightarrow[E1]{CH_3\ddot{O}H} H_3C-\underset{\underset{CH_3}{|}}{\overset{\overset{CH_2}{\|}}{C}}$$

2-メチルプロペン

問 7.4

2-クロロ-2-メチルブタンをメタノールに溶解すると S_N1 反応生成物と E1 反応生成物が生じる。ただし，E1 反応生成物は一種類ではない。考えられる全ての構造を書きなさい。

解 答

1)

$$H_3C-CH_2-\underset{\underset{CH_3}{|}}{\overset{\overset{CH_3}{|}}{C}}-Cl \xrightleftharpoons[25℃]{CH_3OH} H_3C-CH_2-\underset{\underset{CH_3}{|}}{\overset{\overset{CH_3}{|}}{C}}{}^{\oplus}$$

2）

[反応機構図：第3級カルボカチオンからのS_N1、$E1$反応経路]

- S_N1経路：2-メトキシ-2-メチルブタン　置換生成物
- $E1$経路：2-メチル-1-ブテン　脱離　副生成物
- $E1$経路：2-メチル-2-ブテン　脱離　主生成物

E1反応の主生成物は，より安定なアルケン（$cis < trans$，置換基の多い方）である。

例題7.5

2-ブロモブタンに求核剤（塩基）として$C_2H_5O^{\ominus}$を用いてE2脱離反応を行ったところ，3種類の生成物が得られた。それぞれの生成過程を説明しなさい。

[反応式：2-ブロモブタン + $C_2H_5O^{\ominus}$ → 3種のアルケン]

- 主生成物　61%
- 副生成物　21%
- 副生成物　18%

解　答

E2反応の遷移状態は，引き抜かれる水素と脱離基（ハロゲン）がアンチ同一平面で進行する。

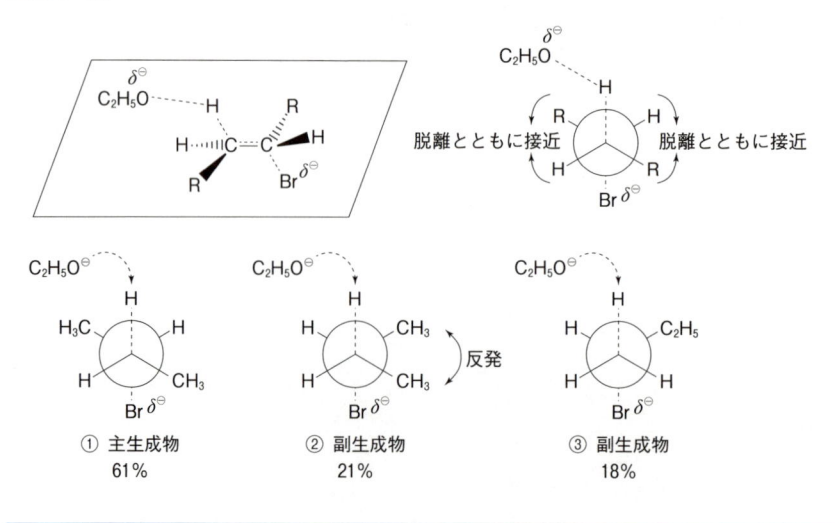

[遷移状態の図およびNewman投影式]

脱離とともに接近

① 主生成物　61%
② 副生成物　21%（反発）
③ 副生成物　18%

脱離反応で生成するアルケンが2種類以上ある時は，次のような傾向がある。

① 求核剤（塩基）と脱離基がコンパクトな時は，Zaitsev則にしたがい多置換アルケンが主生成物（cis体とtrans体がある場合は，立体反発の小さいtrans体が優勢）になる。
② 求核剤（塩基）がかさ高い場合は，Hofmann則にしたがい置換基の少ないアルケンが主生成物になる。

この場合は，コンパクトな塩基なので①が優先する。

問 7.5

次のE2反応の生成物を予想しなさい。2種類以上生成する場合は，主生成物を区別して書きなさい。

1) [構造式] Na⊕OH⊖ / C₂H₅OH

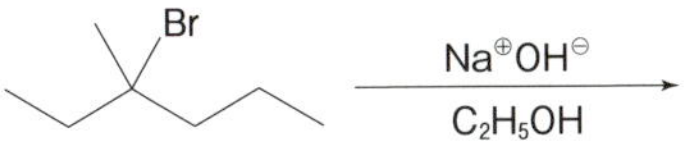

2) [構造式] Na⊕OH⊖ / C₂H₅OH

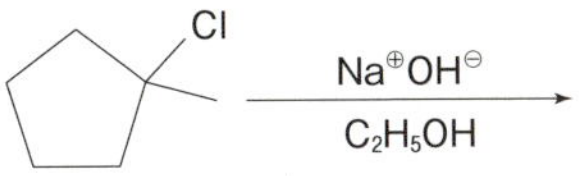

3) [構造式] (CH₃)₃CO⊖Na⊕ / C₂H₅OH

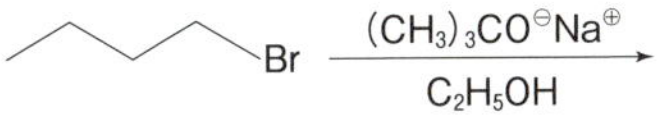

4) [構造式] K⊕OH⊖ / C₂H₅OH

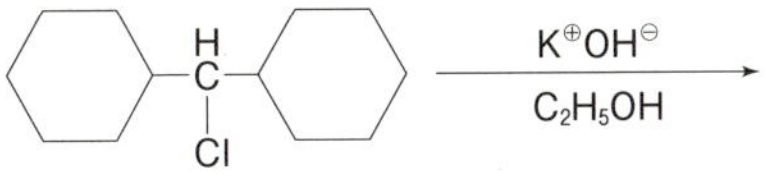

5) [構造式] K⊕OH⊖ / C₂H₅OH

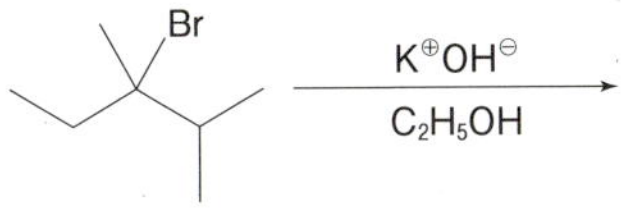

解 答

求核剤（塩基）に引き抜かれるβ水素（多数ある場合は①～③）を元にアルケンの構造を考える。通常，多置換アルケンが生成するように反応は進行する。

1) [構造式] : ①主生成物 + ②主生成物 + ③副生成物

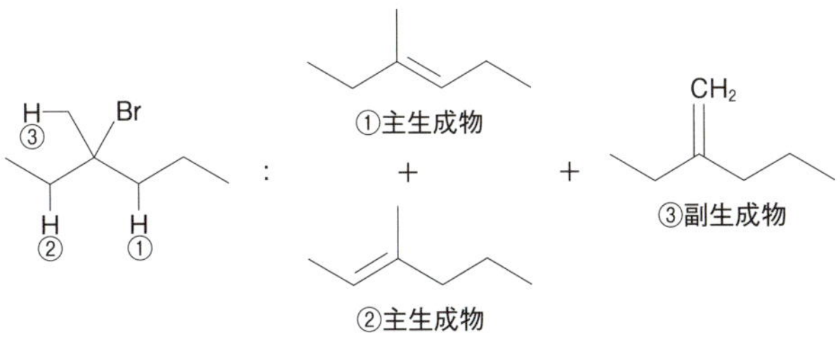

2) [構造式] : ①主生成物 + ②副生成物

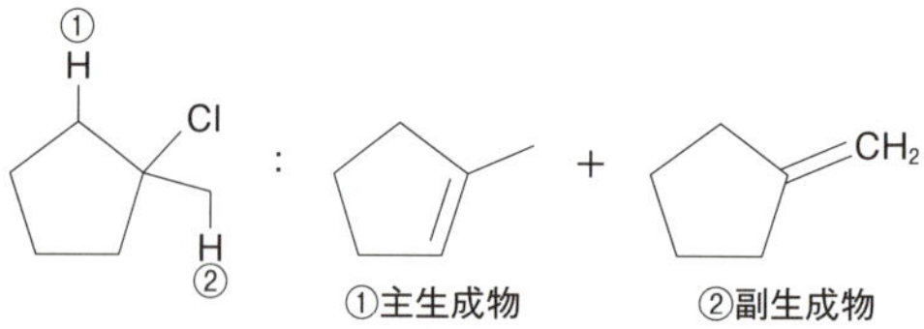

3) [構造式] : [構造式]

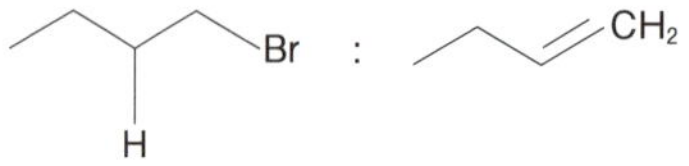

4) [構造式] : [構造式]

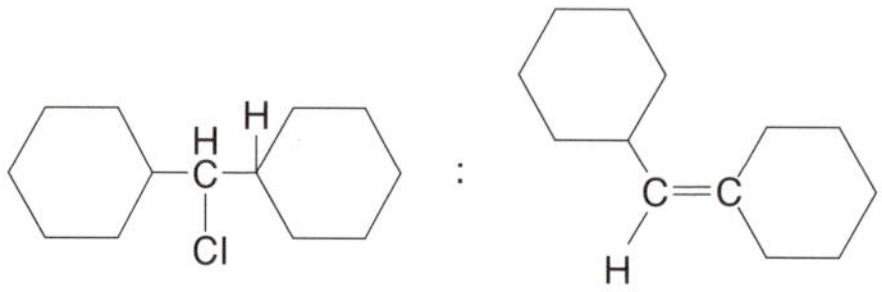

5) [構造式] : ①主生成物 + ②副生成物 + ③副生成物

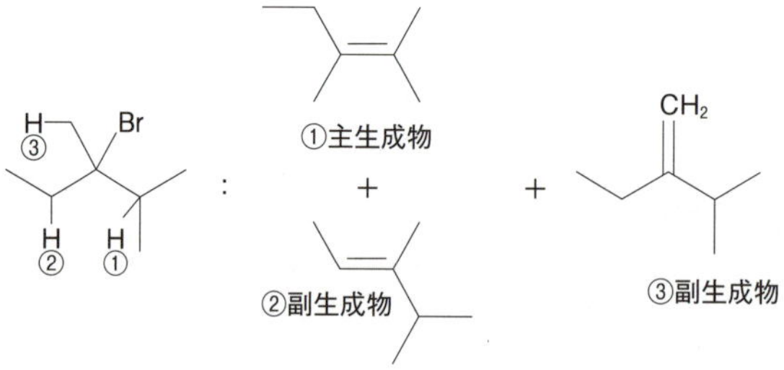

7.3 競争反応

CHECK POINT
- ハロゲン化アルキルの典型的な反応には S_N1, S_N2, E1, E2 反応があるが，反応条件により同時に起こる可能性があり，これを競争反応という。
- 立体障害の小さい基質に，立体的に小さくかつ塩基性の弱い求核剤を作用させた場合は，置換反応（S_N 反応）が有利となる。
- 立体障害の大きな基質に，かさ高くかつ塩基性の強い求核剤を作用させると脱離反応（E 反応）が有利となる。

例題7.6

1-ブロモブタンを次の条件で反応させた時の主生成物の構造を示しなさい。

1) C_2H_5OH 中で $C_2H_5O^\ominus$ を反応させた時
2) $(CH_3)_3COH$ 中で $(CH_3)_3CO^\ominus$ を反応させた時

解　答

1) CH₃CH₂CH₂CH₂Br →(C₂H₅O⁻Na⁺ / C₂H₅OH)→ ブチルエチルエーテル（S_N2 主生成物） ＋ 1-ブテン（E2）

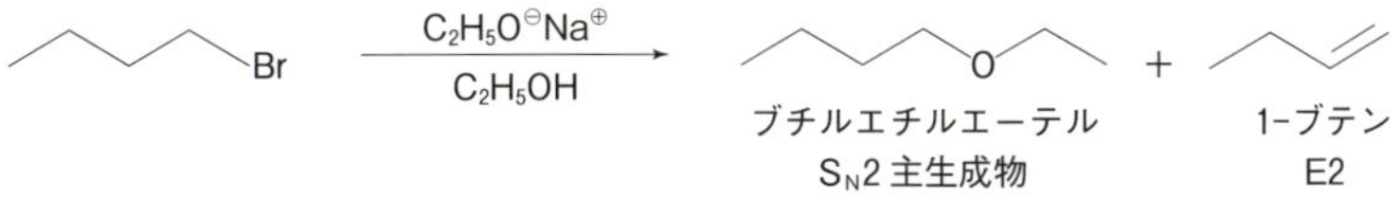

2) CH₃CH₂CH₂CH₂Br →((CH₃)₃CO⁻Na⁺ / (CH₃)₃COH)→ 1-ブテン（E2 主生成物） ＋ 1-tert-ブトキシブタン（S_N2）

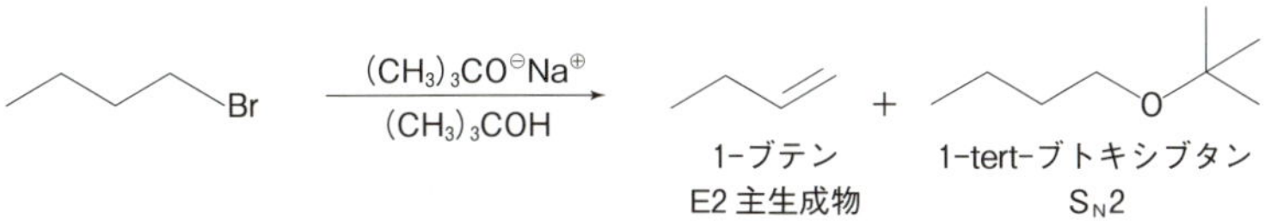

　第一ハロゲン化物の反応は，S_N2 と E2 反応が主となり，かさ高くて強塩基の求核剤以外では置換生成物（S_N2 機構）が主生成物になり，2）のようなかさ高く強塩基性条件下では，脱離生成物（E2 機構）が主生成物になる。

例題7.7

2-ブロモ-2-メチルプロパンを次の条件で反応させた時の主生成物の構造を示しなさい。

1) H_2O を求核剤として用いた時
2) H_2O 中で $OH^⊖$ を反応させた時

解　答

1) (CH₃)₃C-Br →(H_2O)→ (CH₃)₃C⁺ →(H_2O)→ 2-メチル-2-プロパノール（S_N1 主生成物） ＋ メチルプロペン（E1）

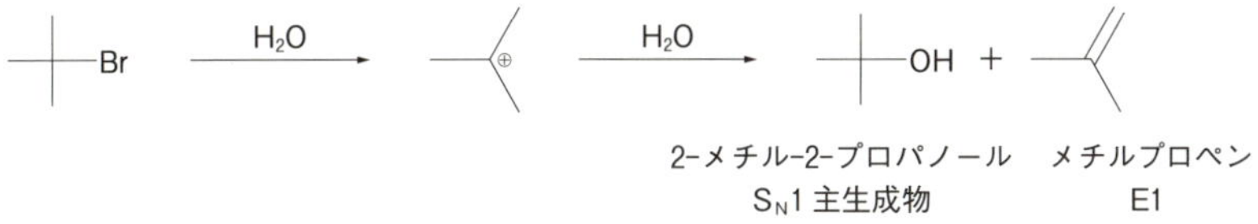

2) (CH₃)₃C-Br →($OH^⊖$ / H_2O)→ メチルプロペン（E2）

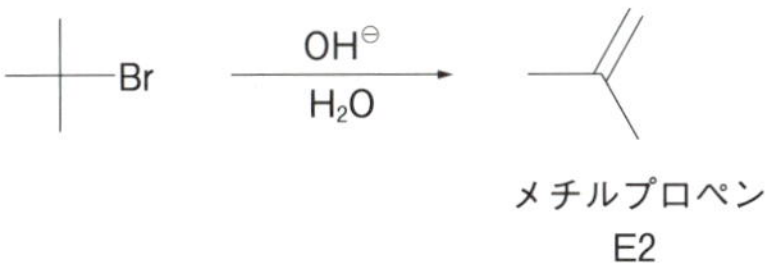

　極性溶媒中で弱い求核剤の条件では，反応は S_N1 と E1 機構で進行する。これを，強力な求核剤（強塩基）に変えると，E2 脱離反応になりアルケンのみが得られる。

例題7.8

2-ブロモプロパンを次の条件で反応させた時の主生成物の構造を示しなさい。

1) C_2H_5OH 中で加熱した時
2) C_2H_5OH 中で $SH^⊖$ を反応させた時
3) C_2H_5OH 中で $C_2H_5O^⊖$ を反応させた時

解　答

1) (CH₃)₂CHBr + C₂H₅OH → (CH₃)₂CH-OC₂H₅ + CH₂=CHCH₃
　　　　　　　　　　　　　2-エトキシプロパン　　　プロペン
　　　　　　　　　　　　　S_N1 主生成物　　　　　　E1

2) (CH₃)₂CHBr + Na⁺SH⁻ / C₂H₅OH → (CH₃)₂CH-SH
　　　　　　　　　　　　　　　　　　2-プロパンチオール
　　　　　　　　　　　　　　　　　　S_N2

3) (CH₃)₂CHBr + C₂H₅O⁻ / C₂H₅OH → CH₂=CHCH₃ + (CH₃)₂CH-OC₂H₅
　　　　　　　　　　　　　　　　　　プロペン　　　2-エトキシプロパン
　　　　　　　　　　　　　　　　　　E2 主生成物　　S_N2

　　第二ハロゲン化合物は，S_N1，S_N2，E1，E2 機構すべてが起こる可能性がある。極性溶媒（弱い求核剤）中の温和な反応では，S_N1 機構が起こりやすく，塩基性が強くなく求核性が強い求核剤を用いると S_N2 機構が起こりやすい。しかし，強塩基を求核剤に用いた場合は，E2 機構が優勢となる。

問 7.6

次の反応機構（S_N1，S_N2，E1，E2）と反応の主生成物の構造を予想しなさい。

1) CH₃CH(C₂H₅)(H)I + H₂O →

2) シクロペンチル-CH₂Br + (CH₃)₃CO⁻ / (CH₃)₃COH →

3) CH₃CH₂CH₂CH₂Cl + OH⁻ / C₂H₅OH →

4) CH₂=CHCH₂Br + H₂O / 25℃ →

5) シクロヘキシル-Br + NaNH₂ / Liq.NH₃ →

解　答

1) 極性溶媒中で弱い求核剤を用いた場合，S_N1 機構が優勢となる。

2) かさ高い強塩基が求核剤の場合は，E2 機構で反応が起こる。

3) 第一ハロゲン化アルキルは，S_N2 反応性が最も高い。

4) 反応性の高いアリル位にある第一ハロゲン化アルキルと弱塩基の求核剤はS_N1機構で進行する。
5) 第二ハロゲン化アルキルと強塩基の求核剤の反応は，E2機構で進行する。

1) $H_3C-\underset{H}{\overset{C_2H_5}{|}}-I \xrightarrow{H_2O} H_3C-\underset{H}{\overset{C_2H_5}{|}}-OH + HO-\underset{H}{\overset{C_2H_5}{|}}-CH_3$　S_N1

2) シクロペンチル-CH_2Br $\xrightarrow[(CH_3)_3COH]{(CH_3)_3CO^{\ominus}}$ シクロペンチリデン=CH_2　E2

3) プロピル-Cl $\xrightarrow[C_2H_5OH]{OH^{\ominus}}$ プロピル-OH　S_N2

4) アリル-Br $\xrightarrow[25°C]{H_2O}$ アリル-OH　S_N1

5) シクロヘキシル-Br $\xrightarrow[Liq.NH_3]{NaNH_2}$ シクロヘキセン　E2

問 7.7

光学活性な化合物について，次の反応を行った時の生成物の立体配置はどうなるか予想しなさい。

1) $H_3C-\underset{H}{\overset{C_2H_5}{|}}-I \xrightarrow[\text{アセトン}]{NaI}$
(S)-2-ヨードブタン

2) $H-\underset{CH_3}{\overset{C_2H_5}{|}}-OH \xrightarrow{SOCl_2}$
(R)-2-ブタノール

解 答

1) 反応はS_N2機構で進行し，生成物の立体配置はそのたびに反転する。見かけ上は変わらないが，最終的には（R）体と（S）体の濃度が等しくなりラセミ化する。

$H_3C-\underset{H}{\overset{C_2H_5}{|}}-I \xrightleftharpoons[S_N2]{NaI} I-\underset{H}{\overset{C_2H_5}{|}}-CH_3$
(S)-2-ヨードブタン　　(R)-2-ヨードブタン

2) 置換するCl基はOH基と同じ側から攻撃するので立体配置は保持される（内部

求核置換反応；S_{Ni} 反応）。

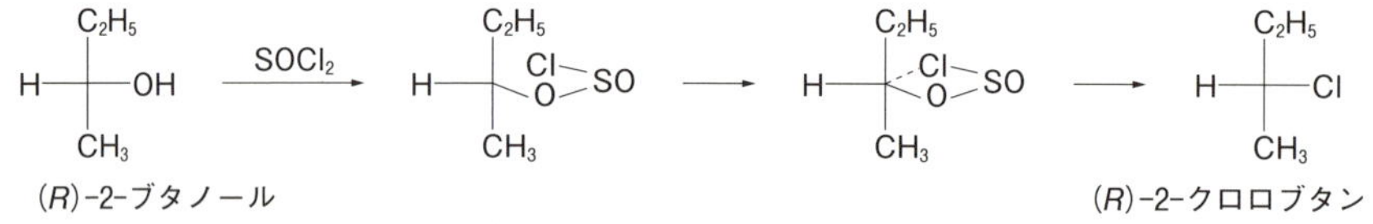

(R)-2-ブタノール　→ $SOCl_2$ →　中間体　→　(R)-2-クロロブタン

7.4　有機金属試薬の調製

CHECK POINT
- ハロゲン化アルキルに金属原子が酸化的付加反応を起こすと有機金属化合物が得られ、求核付加反応などに利用される（カルボニル炭素への求核付加反応を利用したアルコールの合成、二酸化炭素との反応によるカルボン酸の合成など）。
- ハロゲン化アルキルと金属マグネシウムを反応させると Grignard（グリニャール）試薬（R–MgX）が生成する（C が $\delta^{\ominus}$，Mg が $\delta^{\oplus}$ に分極する）。

例題7.9

有機金属試薬の代表例として、アルキルリチウム、アルキルマグネシウム（Grignard 試薬）がある。アルキル–金属結合の分極の様子を示しなさい。

解　答

分極の程度はイオン結合性の割合で示され、炭素–リチウム結合（CH_3-Li）は約40％、炭素–マグネシウム結合（CH_3-MgX）は約35％のイオン性をもっていることが知られている。

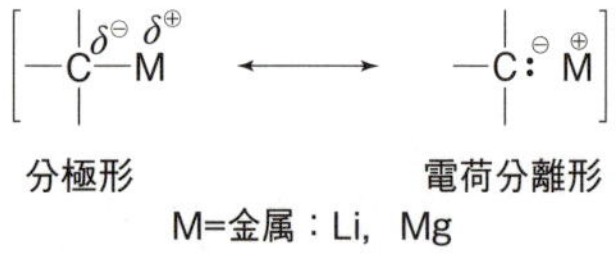

分極形　⟷　電荷分離形
M=金属：Li，Mg

金属は炭素より電気陰性度が小さく、炭素がマイナス、金属がプラスに分極する。そして、これらの有機金属試薬は、炭素–金属結合を炭素原子上に完全に負電荷をもつ共鳴構造を用いて表すことができる。

例題7.10

次の反応で生成する Grignard 試薬は求核性炭素をもっている。その理由を説明しなさい。

CH_3CH_2-Br $\xrightarrow{\text{Mg}, Et_2O}$ CH_3CH_2-MgBr

解　答

CH₃CH₂—MgBr （δ⁻ 炭素よりも電気陰性度が小さい　δ⁺）　⟹　[CH₃C̈H₂⁻　MgBr⁺]
炭素は求核性を示す

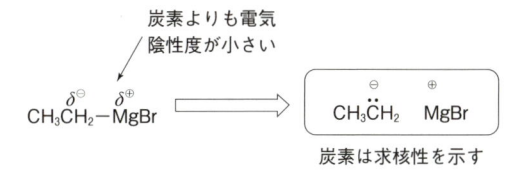

　ハロゲン化アルキルと反応したMgは，炭素とハロゲンの間に挿入される。ここでは，Mgは炭素より電気陰性度が小さく，あたかも炭素鎖はカルボアニオンのように振る舞い，求核性を示す。よって，Grignard試薬の求核炭素は求電子剤と反応する。ここで重要なことは，ハロゲン化アルキルから有機金属化合物の合成は，逆分極過程（分極の方向が逆転）であるということである。すなわち，ハロゲン化アルキルの炭素は，金属との反応（メタル化）で求電子的な炭素から求核中心に変わるということである。

問 7.8

　Grignard試薬と水との反応（加水分解）は有用な反応として応用が可能である。例えば，水の代わりに重水を用いれば重水素（水素同位体）を導入することが可能である。これまで学んだ知識を利用して，シクロヘキサンを原料にして重水素を1つ置換する反応経路を示しなさい。

解　答

シクロヘキサン $\xrightarrow[h\nu]{Cl_2}$ クロロシクロヘキサン $\xrightarrow[Et_2O]{Mg}$ シクロヘキシルMgCl $\xrightarrow{D_2O}$ 重水素置換シクロヘキサン

　メタル化に必要なハロゲン化アルキルの合成法として，アルカンの光照射下でのラジカルハロゲン化を利用する。続いて，MgによるGrignard試薬を調製し，重水で加水分解すると目的の重水素化物が得られる。

問 7.9

　Grignard試薬調製に通常用いられるジエチルエーテルは，試薬の構造には描かれないが，Grignard試薬の安定化に重要な役割を演じている。その様子を図式化して表しなさい。

R—X $\xrightarrow[Et_2O]{Mg}$ R—MgX

解　答

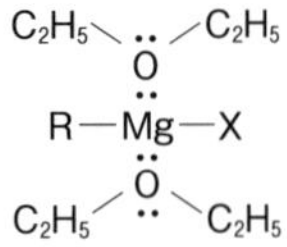

$$\begin{array}{c} C_2H_5\diagdown \ddot{}\diagup C_2H_5 \\ \ddot{O} \\ R\!-\!Mg\!-\!X \\ \ddot{O} \\ C_2H_5\diagup \ddot{}\diagdown C_2H_5 \end{array}$$

エーテルがもっている酸素原子上の非共有電子対が Grignard 試薬の Mg に配位して安定化している。また，ジエチルエーテルの代わりにテトラヒドロフラン（THF）も利用できる。

8 アルコールの化学

8.1 酸としてのアルコールとWilliamsonのエーテル合成

CHECK POINT
- アルコールは，電気陰性度の大きな酸素原子と水素原子が結合したヒドロキシ基を有する。
- アルコールの酸性度（プロトン解離能力）は，ヒドロキシ基に隣接する置換基に影響される。
- アルコールに含まれるヒドロキシ基は，水素結合を形成する。
- Williamson（ウィリアムソン）のエーテル合成では，アルコールと塩基からアルコキシドを発生させる。

例題8.1

次に挙げたアルコールを酸性の強いものから弱いものへと左から右に並べなさい。
CH_3CH_2OH, $ClCH_2CH_2OH$, Cl_2CHCH_2OH, Cl_3CCH_2OH

解 答

ハロゲン原子の電子求引性により，プロトンが解離してできるアルコキシド酸素上の負電荷が安定化される（誘起効果）ことを考慮する。

Cl_3CCH_2OH（pK_a=12.2）→Cl_2CHCH_2OH（pK_a=12.9）→$ClCH_2CH_2OH$（pK_a=14.3）→ CH_3CH_2OH（pK_a=16.0）

問 8.1

次に挙げたアルコールを酸性の強いものから弱いものへと左から右に並べなさい。

1） CH_3OH, CH_3CH_2OH, $(CH_3)_2CHOH$, $(CH_3)_3COH$
2） ICH_2CH_2OH, $BrCH_2CH_2OH$, $ClCH_2CH_2OH$, FCH_2CH_2OH
3） $ClCH_2OH$, $ClCH_2CH_2OH$, $ClCH_2CH_2CH_2OH$
4）

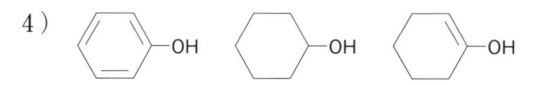

5)

[構造式: C₆H₅-OH, Cl-C₆H₄-OH, H₃CO-C₆H₄-OH]

解 答

1) ヒドロキシ基まわりがかさ高くなるほど，溶媒和による安定化効果を受けづらくなる。

$CH_3OH \rightarrow CH_3CH_2OH \rightarrow (CH_3)_2CHOH \rightarrow (CH_3)_3COH$

2) ハロゲン原子の電気陰性度が大きくなるほど，アルコキシドを安定化する効果が大きくなる。

$FCH_2CH_2OH \rightarrow ClCH_2CH_2OH \rightarrow BrCH_2CH_2OH \rightarrow ICH_2CH_2OH$

3) ハロゲン原子によるアルコキシドの安定化は，誘起効果によるものであり，アルコキシド酸素との距離が遠くなるほど，その効果は弱くなる。

$ClCH_2OH \rightarrow ClCH_2CH_2OH \rightarrow ClCH_2CH_2CH_2OH$

4) 最も酸性の強いフェノールでは，プロトンが脱離してできるフェノキシドイオンを含めて4つの共鳴構造式が書ける。一方，次に酸性が強い1-シクロヘキセノールでは，全部で2つの共鳴構造式が書ける。しかし，シクロヘキサノールでは共鳴構造式は書けない。

[構造式: フェノール → 1-シクロヘキセノール → シクロヘキサノール]

5) フェノキシドイオンの共鳴構造式を書く際，ヒドロキシ基のパラ位にアニオンが書けるので，これを安定化するような電子求引性の置換基がある方がプロトンを脱離しやすい。

[構造式: Cl-C₆H₄-OH → C₆H₅-OH → H₃CO-C₆H₄-OH]

例題8.2

次に示すC2化合物（炭素2つを基本骨格とする化合物）を沸点の低いものから高いものへと左から右に並べなさい。

CH_3CH_3, CH_3CH_2Cl, CH_3CH_2OH

解 答

ハロアルカンは，分子の双極子モーメントのために沸点が上昇するだけであるが，アルコールのヒドロキシ基同士には広範囲にわたって無数の水素結合が働く。

CH_3CH_3 (−88.6℃) → CH_3CH_2Cl (12.3℃) → CH_3CH_2OH (78.5℃)

問 8.2

水とメタノールについて，構造上の類似性や混和性を考察しなさい。

解 答

酸素–水素，あるいは酸素–炭素 σ 結合電子と孤立電子対の電子的反発から，いずれも折れ曲がった構造をとっている。酸素がもつ電気陰性度から，大まかに言って似たような分子双極子（矢印）を有している。また，どちらも酸素–水素結合をもっているため，互いに水素結合を形成して無限に混ざることができる。

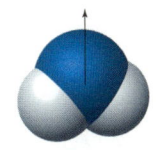

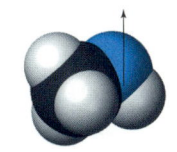

問 8.3

次に示す化合物を沸点の高いものから低いものへと左から右に並べなさい。

1) $CH_3CH_2CH_2CH_2OH$, $CH_3CH_2CH(OH)CH_3$, $(CH_3)_3COH$

2) CH_3CH_2OH, $HOCH_2CH_2OH$, $CH_3CH_2CH_2OH$, $HOCH_2CH_2CH_2OH$

解 答

1) ヒドロキシ基まわりがかさ高くなるほど，立体障害のために水素結合を形成しにくくなり，沸点が低下する。

   $CH_3CH_2CH_2CH_2OH$ ⟶ $CH_3CH_2CH(OH)CH_3$ ⟶ $(CH_3)_3COH$

2) 炭素数が多いものほど，またメチル基よりもヒドロキシ基をもつものほど沸点が高くなる。

   $HOCH_2CH_2CH_2OH$ ⟶ $HOCH_2CH_2OH$ ⟶ $CH_3CH_2CH_2OH$ ⟶ CH_3CH_2OH

例題8.3

メタノールの pK_a は15.5であり，アンモニアの pK_a は35である。これをもとに次の反応が進行するか否かを考察しなさい。

$$CH_3OH + NaNH_2 \longrightarrow CH_3ONa + NH_3$$

解 答

アルコールからアルコキシドを得るためには，用いる塩基の共役酸がアルコールよりも弱い酸性である必要がある。アンモニアはメタノールよりもはるかに弱い酸であり，上の反応は進行する。

問 8.4

次の反応の生成物を書きなさい。

1) CH_3OH + $CH_3CH_2CH_2CH_2Li$ ⟶
2) CH_3OH + KH ⟶
3) $2CH_3OH$ + $2Na$ ⟶

解 答

1) ブチルリチウムの炭素-リチウム結合は，電気陰性度から炭素が負電荷を帯びており，これが塩基としてプロトンを引き抜く。

   CH_3OH + $CH_3CH_2CH_2CH_2Li$ ⟶ CH_3OLi + $CH_3CH_2CH_2CH_3$

2) KH や NaH などは，ヒドリド（$H^⊖$）が塩基としてプロトンを引き抜く。

   CH_3OH + KH ⟶ CH_3OK + H_2

3) Na などのアルカリ金属は，アルコールを還元し，アルカリ金属アルコキシドと水素ガスを生じる。

   $2CH_3OH$ + $2Na$ ⟶ $2CH_3ONa$ + H_2

問 8.5

次のエーテルを Williamson のエーテル合成法で合成する式を示しなさい。

1) 1-エトキシブタン
2) 2-メトキシペンタン

解 答

1) 非対称のエーテルなので，どちら側をアルコキシドにするかで方法が異なる。いずれの方法でも目的とするエーテルが合成可能である。

   $CH_3CH_2CH_2CH_2ONa$ + CH_3CH_2I ⟶ $CH_3CH_2CH_2CH_2OCH_2CH_3$ + NaI

   あるいは

   CH_3CH_2ONa + $CH_3CH_2CH_2CH_2I$ ⟶ $CH_3CH_2CH_2CH_2OCH_2CH_3$ + NaI

2) 非対称エーテルなので，先の問題と同様に2通りの方法が考えられる。しかし，実際には次の方法で行うのが望ましい。

   （2-ペンタノキシド ONa）+ CH_3I ⟶ （2-メトキシペンタン OCH₃）+ NaI

   なぜなら，もう一方の方法では S_N2 反応と競争して E2 反応（次式）が起こる可能性があるためである。

   CH_3ONa + （2-ヨードペンタン）⟶ （ペンテン）+ CH_3OH + NaI

8.2 塩基としてのアルコールと置換，脱離反応

CHECK POINT
- 酸素上の孤立電子対のため，アルコールは強酸からプロトンを受け取る。
- プロトン化によりオキソニウムイオンとなったアルコールは，水を脱離基として，さまざまな試薬により求核置換反応を受ける。
- 第一級アルコールからは S_N2 反応だけが起こるのに対し，第二級や第三級アルコールでは，S_N1 反応や E1 反応が起こる。
- 三臭化リンや塩化チオニルを反応させると，アルコールからハロアルカンを合成できる。
- アルコールをスルホン酸エステル中間体とすることで，多くの求核置換反応が可能となる。

例題8.4

1-ブタノールと臭化水素から1-ブロモブタンを与える反応を，電子の流れを示す矢印を使って説明しなさい。

解 答

求核的な酸素原子に求電子的なプロトンが付加し，同時に臭素原子がアニオンとなって脱離する。

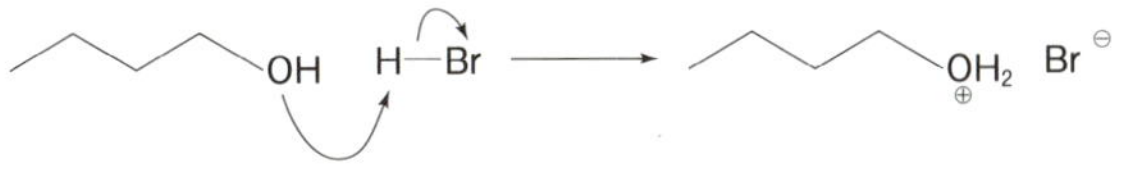

次に，臭化物イオンがオキソニウムイオンとなった酸素原子の隣の炭素原子を求核攻撃し，水が脱離基として外れる。

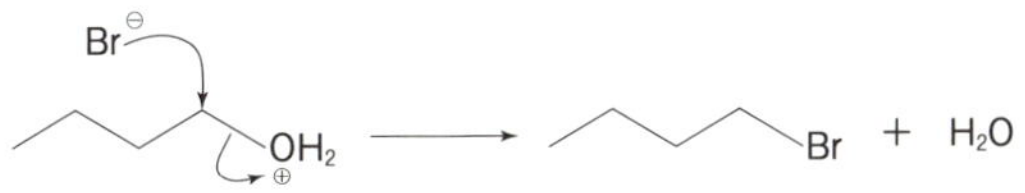

例題8.5

次の反応の生成物を書きなさい。

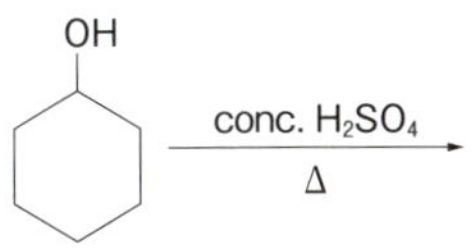

解　答

シクロヘキサノールの水酸基にプロトンが付加し，オキソニウムイオンを生成し，水が脱離することで 2 級カルボカチオンを与える。系内には求核性が高い試薬が存在しないので，隣の炭素原子からプロトンが脱離して E1 反応が進行すると考えられる。

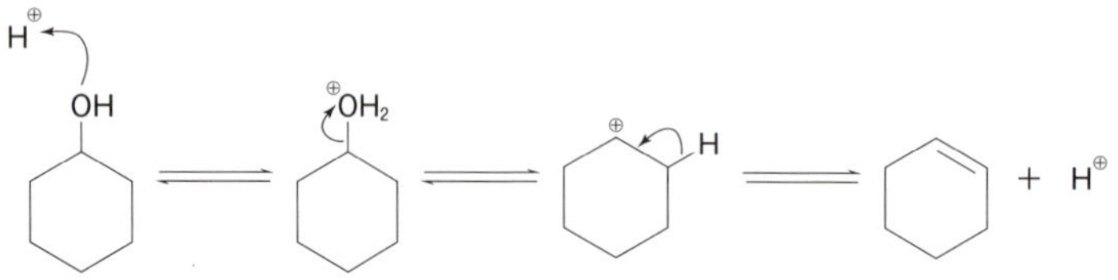

問 8.6

次の反応の生成物を書きなさい。

1) 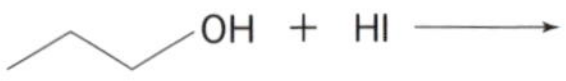 プロパノール + HI →
2) 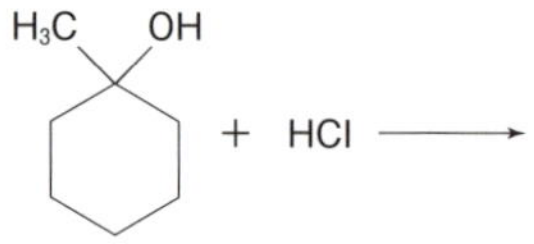 1-メチルシクロヘキサノール + HCl →
3) 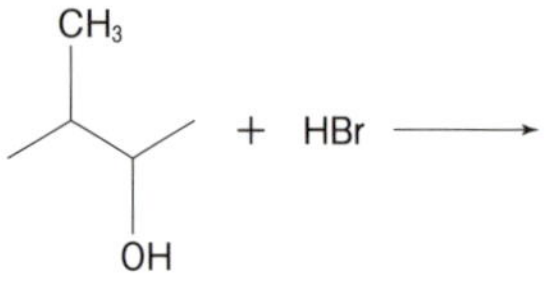 3-メチル-2-ブタノール + HBr →

解　答

1) オキソニウムイオンが生成したのち，求核性の高いヨウ化物イオンが求核攻撃することで 1-ヨードプロパンが得られる（S_N2 反応）。

　　プロパノール + HI → 1-ヨードプロパン + H_2O

2) オキソニウムイオンが生成したのち，脱水により 3 級カルボカチオンを与える。塩化物イオンは求核性が低いため，カルボカチオンに攻撃せず，脱プロトン化によりアルケンが得られる（E1 反応）。なお，熱力学的に安定な生成物を与えるルート B が優先すると考えられる（Zaitsev 則）。

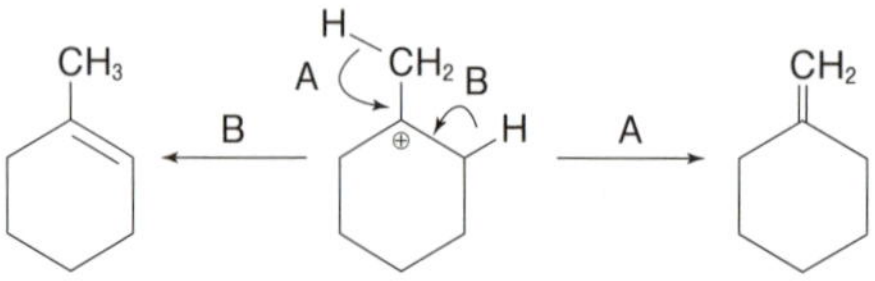

3) オキソニウムイオンが生成したのち，脱水により 2 級カルボカチオンを与える。続いて，隣接する炭素上の水素原子が電子 2 つを伴って電子不足なカルボカチオン炭素に移動（ヒドリドシフト）することで，より安定な 3 級カルボカチオンを与える。この段階で臭化物イオンが求核攻撃を行い，ハロアルカンが得ら

れる（S_N1 反応）。

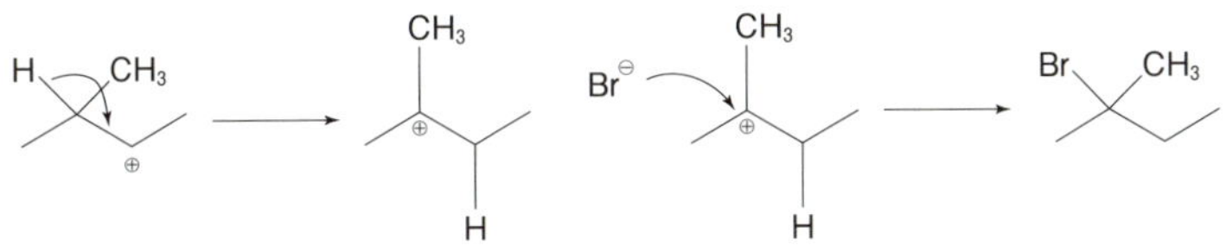

例題8.6

2-ブタノールと三臭化リンから2-ブロモブタンを与える反応を，電子の流れを示す矢印を使って説明しなさい。

解 答

最初に，アルコールと三臭化リンから，プロトン化された亜リン酸エステル誘導体が生成する。

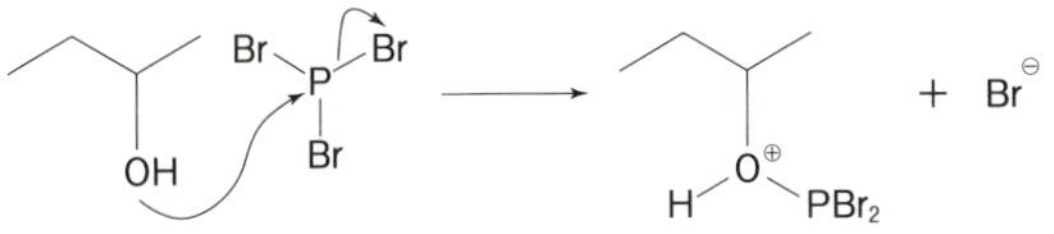

次に，臭化物イオンが求核置換反応を行い，$HOPBr_2$ が脱離基として外れる。

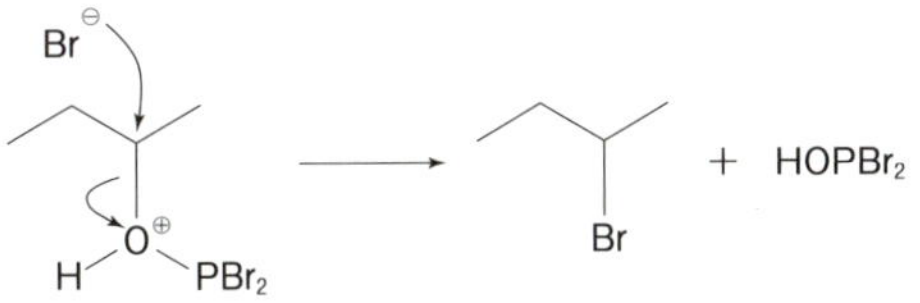

ここでできた $HOPBr_2$ が同様に2分子のアルコールと反応し，最終的には亜リン酸 H_3PO_3 になる。

問 8.7

次の反応の生成物を書きなさい。

1) $CH_3CH_2CH_2CH_2OH$ + $SOCl_2$ $\xrightarrow{\text{pyridine}}$

2) 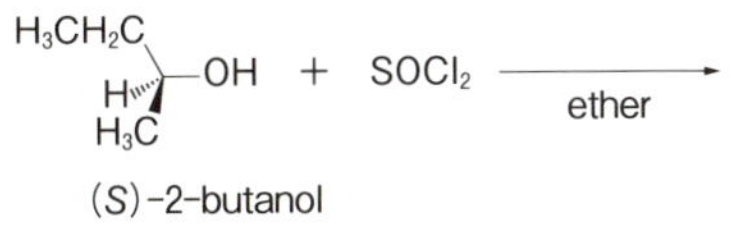 (S)-2-butanol + $SOCl_2$ $\xrightarrow{\text{ether}}$

解 答

1) アルコールが塩化チオニルと反応し，プロトン化されたスルホン酸エステル誘導体が生成する。次の段階で，ピリジンと塩化水素の中和で生じるピリジニウムイオンが求核種である塩化物イオンの供給源となり，S_N2 反応が進行して1-クロロブタンが得られる。

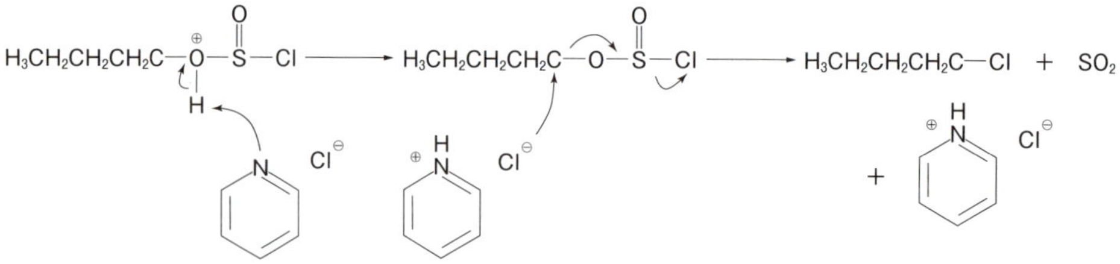

2） エーテル中で反応を行うと，塩化物イオンが塩基としてオキソニウムイオンのプロトンを奪うが，発生する塩化水素が気体になって系外に出てしまう。そのため，中間体であるスルホン酸エステル誘導体が分子内かつ切断される炭素‐酸素結合と同じ側から求核攻撃を行う（S_Ni反応）。それゆえ，立体保持で反応が進行する。

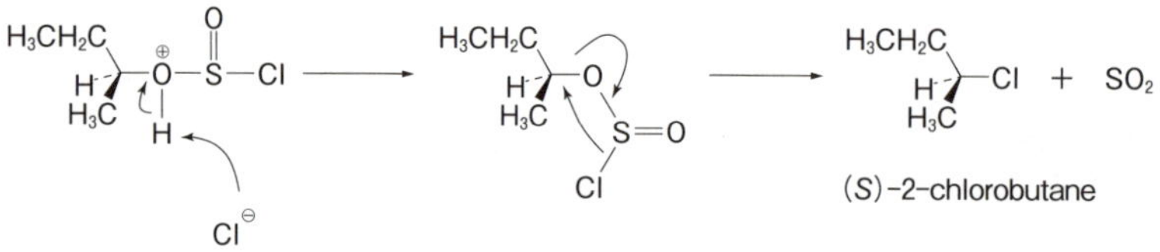

例題8.7

1-ブタノールと塩化メタンスルホニルからスルホン酸エステル誘導体を与える反応を，電子の流れを示す矢印を使って説明しなさい。

解 答

実際には，発生する塩化水素を中和するピリジンなどの塩基を共存させて行う。

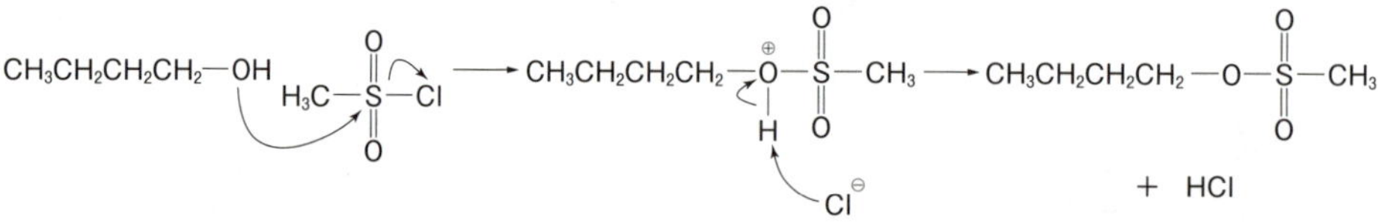

問 8.8

次の反応の生成物を書きなさい。

1) BuO−S(=O)(=O)−CH₃ + NaI ⟶

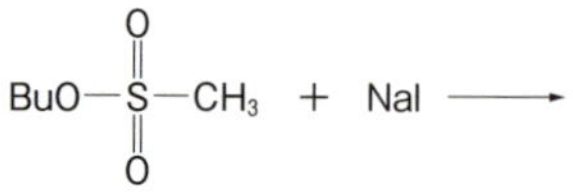

2) BuO−S(=O)(=O)−CH₃ + CH₃CH₂SNa ⟶

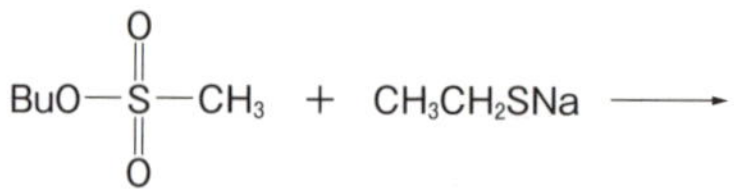

解 答

1） ヨウ化物イオンが求核攻撃を起こし，1-ヨードブタンが得られる。

$$\text{BuO-S(=O)(=O)-CH}_3 + \text{NaI} \longrightarrow \text{BuI} + \text{H}_3\text{C-S(=O)(=O)-ONa}$$

2) アルコキシドの硫黄類縁体をチオラートと呼ぶ。チオラートは，アルコキシドよりも求核性が高く，容易に S_N2 反応を起こす。

$$\text{BuO-S(=O)(=O)-CH}_3 + \text{CH}_3\text{CH}_2\text{SNa} \longrightarrow \text{BuSCH}_2\text{CH}_3 + \text{H}_3\text{C-S(=O)(=O)-ONa}$$

8.3 アルコールの酸化反応

─CHECK POINT─
- アルコールは酸化を受けやすく，アルデヒドやカルボン酸になる。
- 一級アルコールは，アルデヒドを経てカルボン酸にまで酸化されるが，PCC 酸化や Swern（スワン）酸化を利用すると，アルデヒドで反応を止めることができる。
- 第二級アルコールは，酸化剤によりケトンを与えるが，第三級アルコールは，酸化を受けない。

例題8.8

アルコールの酸化に有用なクロム反応剤は，水溶液の pH によって，次のような様々な構造をとる。CrO_3, CrO_4^{2-}, $HCrO_4^{-}$, $Cr_2O_7^{2-}$, H_2CrO_4

次に示す硫酸にならって，それぞれの構造を正確に書くとともに，クロム原子の価数を答えなさい。

$$\text{H}_2\text{SO}_4 \longrightarrow \text{HO-S(=O)(=O)-OH}$$

解　答

いずれもクロム原子の価数は 6 価である。

$$O=Cr(=O)=O \quad {}^{-}O-Cr(=O)(=O)-O^{-} \quad HO-Cr(=O)(=O)-O^{-} \quad {}^{-}O-Cr(=O)(=O)-O-Cr(=O)(=O)-O^{-} \quad HO-Cr(=O)(=O)-OH$$

問 8.9

次の反応の生成物を書きなさい。

1) CH$_3$(CH$_2$)$_5$CH$_2$OH + ピリジニウム CrO$_3$Cl$^-$ ⟶

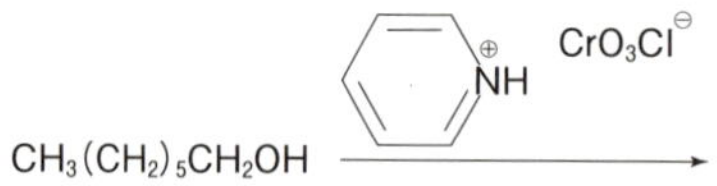

2) CH$_3$(CH$_2$)$_5$CH$_2$OH $\xrightarrow{\text{1) DMSO, (COCl)}_2 \text{ 2) Et}_3\text{N}}$

解 答

1) 酸性水溶液中では，第一級アルコールはカルボン酸まで過剰酸化される。一方，問にある CrO$_3$ と濃塩酸を反応させ，ピリジンを加えて調製されるクロロクロム酸ピリジニウム (PCC) は，塩化メチレンなどの有機溶媒系で反応を行えるため，アルデヒドが高収率で得られる。ただし，PCC には毒性があるため，換気設備の整ったところで実験すべきである。

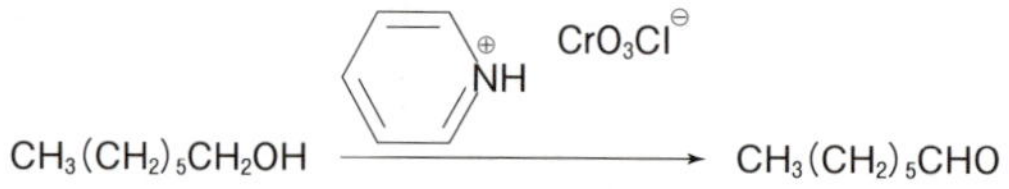

CH$_3$(CH$_2$)$_5$CH$_2$OH $\xrightarrow{\text{PCC}}$ CH$_3$(CH$_2$)$_5$CHO

2) Swern 酸化は，DMSO を酸化剤とするアルコールの酸化反応であり，1) の反応と同様に第一級アルコールからアルデヒドを収率良く合成できる。まず，DMSO と塩化オキサリル（活性化剤）から塩化クロロジメチルスルホニウムが生成する。

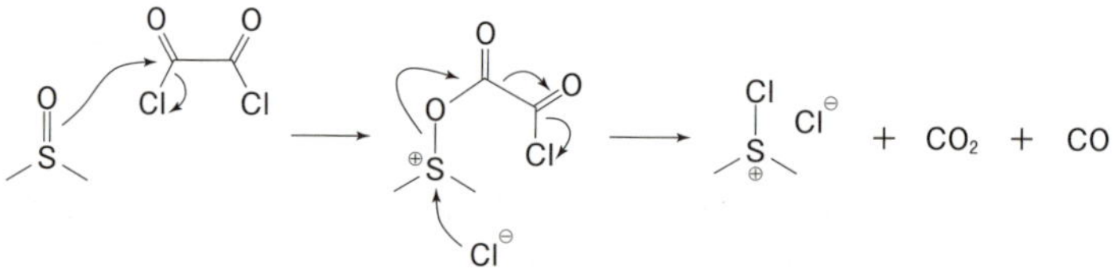

(機構図：DMSO + (COCl)$_2$ ⟶ 中間体 ⟶ (CH$_3$)$_2$S$^+$Cl Cl$^-$ + CO$_2$ + CO)

次に，これにアルコールを加えると，アルコキシスルホニウム塩が生成し，最後にトリエチルアミンを加えると，対応するアルデヒドが得られる。

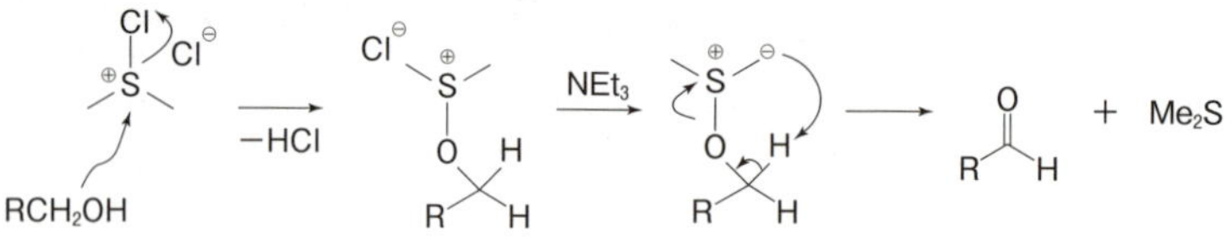

(機構図：RCH$_2$OH ⟶ −HCl ⟶ アルコキシスルホニウム塩 $\xrightarrow{\text{NEt}_3}$ ⟶ RCHO + Me$_2$S)

9 エーテルの化学

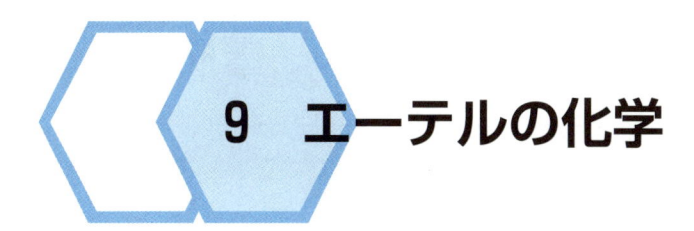

9.1 エーテルの酸化反応

CHECK POINT
- 酸素原子は存在するものの，水素結合を形成しないので，同じ分子式をもつアルコール異性体よりも沸点が相当低い。
- エーテルは，酸素存在下で長期間保存すると，爆発性の過酸化物を生じることがある。

例題9.1
ジエチルエーテルは，水層にとけ込んだ有機物を抽出するのにしばしば用いられる。一方，エタノールでは同じ操作をすることができない。この理由を説明しなさい。

解 答
ジエチルエーテルもエタノールも有機物を溶解できる点において違いはない。しかし，エタノールは水と無限に混和でき，両者の界面が別れないために，抽出に用いることはできない。

問 9.1
エーテルが酸素で酸化されてヒドロペルオキシドや過酸化物を与える反応を書きなさい。

解 答

$$2ROCH_3 \xrightarrow{O_2} 2ROCH_2OOH \xrightarrow{-H_2O} ROCH_2OOCH_2OR$$

9.2 エーテル結合の開裂反応 ─置換反応─

CHECK POINT
- 強酸との反応により，エーテルの酸素原子がプロトン化されてオキソニウムイオンを生成し，酸素-炭素結合の開裂が起こる。
- エポキシドのような歪みの大きい環状エーテルでは，酸性，塩基性両条件下で開裂反応が起こる。
- エポキシドの S_N2 反応による求核的開環は，位置選択的かつ立体特異的に進行する。

例題9.2

ジエチルエーテルと臭化水素からブロモエタンを与える反応を，電子の流れを示す矢印を使って説明しなさい。

解 答

エーテル酸素は，アルコールの酸素と同様に塩基性を示し，プロトン化されオキソニウムイオンを生成する。次に，臭化物イオンが酸素に隣接する炭素を求核攻撃して酸素-炭素結合が開裂し，ブロモエタンを与える（S_N2 反応）。ここで生じるエタノールも，さらに臭化水素と反応してブロモエタンを与える（8章を参照のこと）。

$$H_3CH_2C-OCH_2CH_3 \xrightarrow{H^+} H_3CH_2C-\overset{+}{O}(H)(CH_2CH_3) \xrightarrow{Br^-} CH_3CH_2Br + CH_3CH_2OH$$

問 9.2

次の反応の生成物を書きなさい。

1) (CH₃)₂CH-O-CH₂CH₃　HI, H₂O →

2) CH₃CH₂CH₂-O-C(CH₃)₃　H₂SO₄, H₂O →

解 答

1) まずは，プロトン付加によりオキソニウムイオンを生じ，次に立体障害の小さい第一級中心がヨウ化物イオンにより選択的に攻撃され（S_N2 反応），2-プロパノールとヨードエタンになる。

(CH₃)₂CH-O-CH₂CH₃　HI, H₂O →　(CH₃)₂CH-OH ＋ I-CH₂CH₃

2) プロトン化によりオキソニウムイオンを生じるところまでは同じである。ここから，求核能力が高い試薬が存在しないこと，および酸素−炭素結合の開裂によって第三級カルボカチオンが生成するため，1-プロパノールと2-メチルプロペンが得られる。

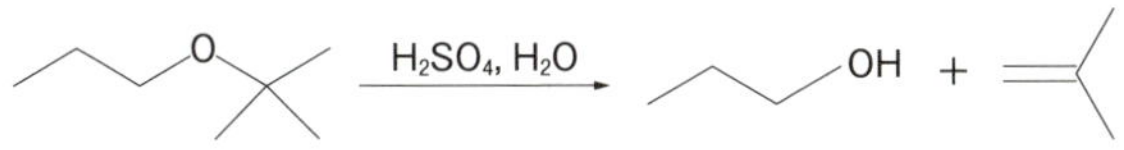

例題9.3

酸性と塩基性条件でエポキシドが開環する反応を，電子の流れを示す矢印を使って説明しなさい。

解 答

酸性条件では，まずエーテル酸素がプロトン化されオキソニウムイオンが生じ（活性化され），次に炭素を求核剤が攻撃して開環することで，置換エタノール誘導体を与える。

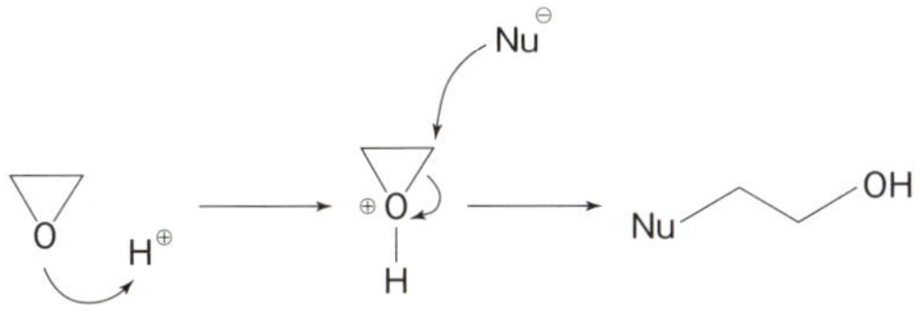

塩基性条件では，大きな環歪みを解消することが駆動力になり，求核剤が直接炭素を攻撃して開環する。生成するアルコキシドを酸で中和することで，置換エタノール誘導体が得られる。

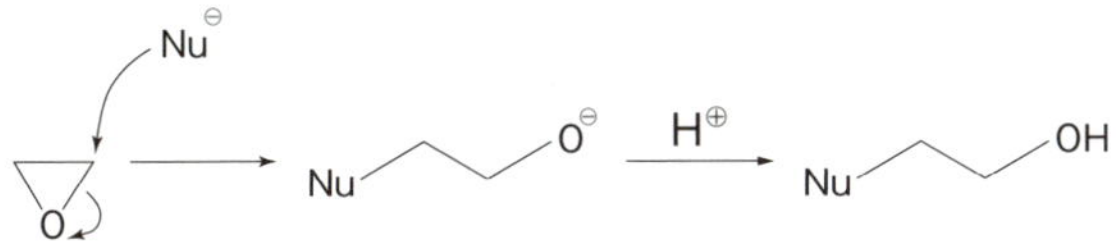

問 9.3

次の反応の生成物を書きなさい。

1) [エポキシド + 1)CH₃O⁻, CH₃OH 2)H⁺] 2) [エポキシド + H₂SO₄, CH₃OH]

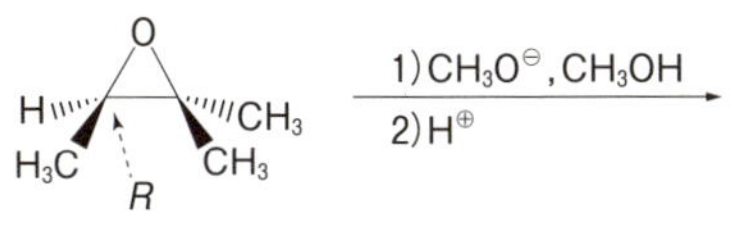

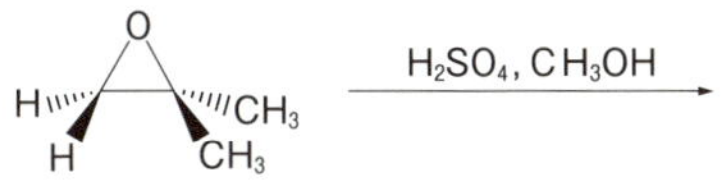

解 答

1) メトキシドによる求核攻撃は，立体障害の少ない側から進行する（位置選択的）。さらに，一般の S_N2 反応と同じく，脱離する置換基の反対方向から攻撃が起こ

るため，立体中心の反転が起こる（立体特異的）。

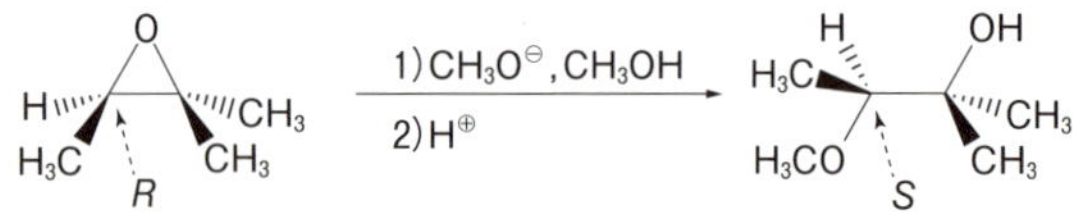

[反応式: (R)-エポキシド + 1)CH₃O⁻, CH₃OH 2)H⁺ → (S)-生成物]

2) エーテル酸素のプロトン化により，オキソニウムイオンが生成するが，これは隣接する炭素上にもかなりの正電荷を生じることになる。今回は，第一級カチオンよりも第三級カチオンの寄与が大きいため，求核剤であるメタノールは第三級中心に強く引きつけられる。よって，立体障害の大きな側にメトキシ基が置換することになる。

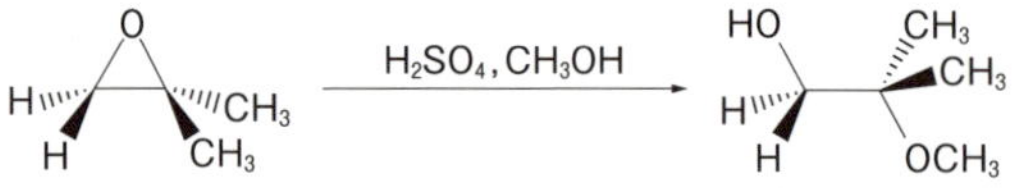

[反応式: エポキシド + H₂SO₄, CH₃OH → 生成物]

9.3 エポキシドの合成

─CHECK POINT─
- エポキシドは，接着剤などの原料として重要な位置を占める。
- 分子内 Williamson エーテル合成によるエポキシドの合成は，立体特異的に進行する。
- m-クロロ過安息香酸（mCPBA）によるアルケンの酸化によりエポキシドが得られ，アルケンの立体化学（トランス，シス）を保持した生成物が得られる。

例題9.4

(S)-2-ブロモ-1-プロパノールについて，ヒドロキシ基とブロモ基がアンチの立体配座をとった構造を破線-くさび形表記法と Newman（ニューマン）投影式で示しなさい。

解　答

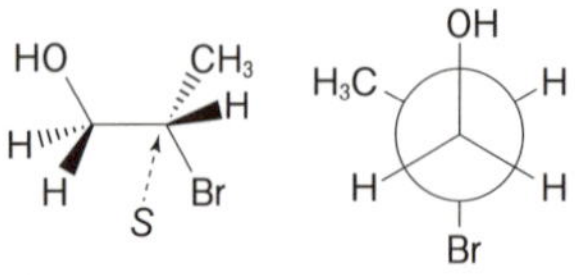

[構造式: 破線-くさび形表記法と Newman 投影式]

問 9.4

(S)-2-ブロモ-1-プロパノールと水酸化物イオンとの反応からエポキシドが生成する反応を，電子の流れを示す矢印を使って説明しなさい。

解 答

まず，アルコールから水酸化物イオン（塩基）への速いプロトン移動によりアルコキシドが生成し，次にこれが閉環してエポキシドを与える。閉環する過程は，一般のS$_N$2反応と同じであるので，求核剤であるアルコキシドと脱離基であるブロモ基がアンチ型立体配座をとるルートから立体反転を伴って進行する。

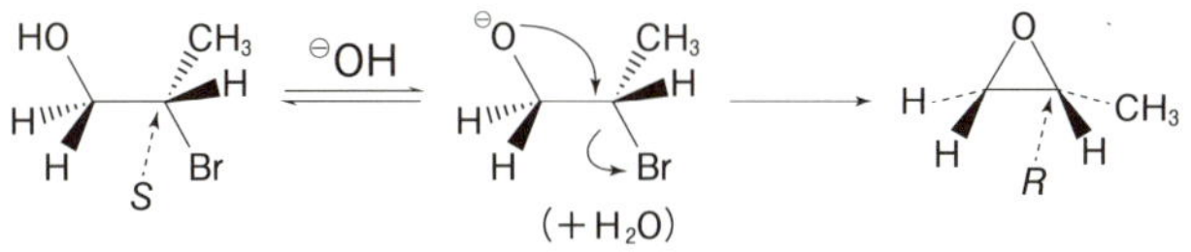

例題9.5

mCPBA の構造式を書き，水酸基の酸素原子が求電子的か，求核的か答えなさい。

解 答

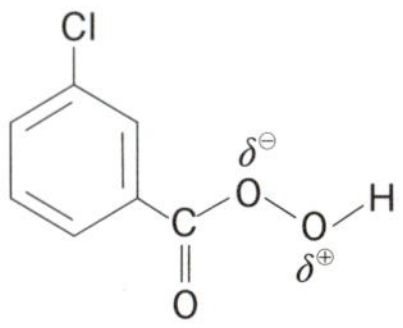

カルボニル基に隣接する酸素は，炭素-酸素二重結合と共鳴構造式が書けるため，マイナスに帯電しており，これに伴って，水酸基の酸素原子はプラスに帯電している。したがって，求電子的な振る舞いをする。

問 9.5

トランス-2-ブテンと mCPBA の反応で得られる生成物の構造式を書きなさい。

解 答

mCPBA によるエポキシドの合成では，求電子的な水酸基の酸素原子がアルケンのπ結合にシン付加すると同時に，プロトンがカルボニル酸素に移動するという環状の遷移状態を経て進行する。したがって，原料であるアルケンの立体化学は保持される。

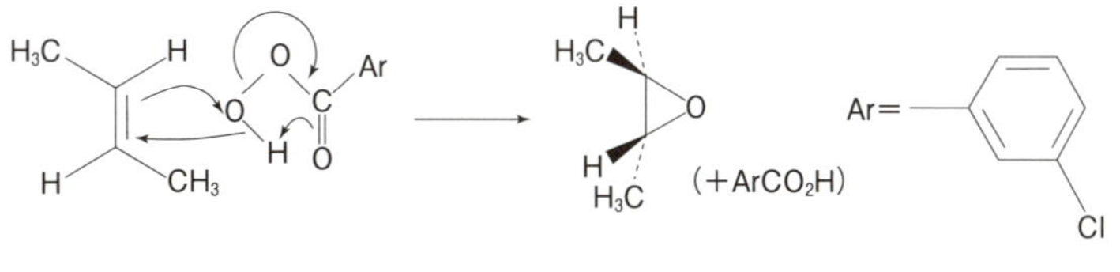

10 アルデヒドとケトンの化学

10.1 カルボニル基の分極構造と求核付加反応

CHECK POINT
- カルボニル基は，酸素の電子求引性により，炭素原子が電子不足（求電子的）であり，酸素原子が電子豊富（塩基性）な性質をもつ。
- アルデヒドとケトンでは，立体および電子的に反応性が異なる。
- Grignard 試薬との反応は，炭素-炭素結合ができる重要な反応である。
- ヒドリド試薬との反応では，還元によりアルコールを与える。
- 酸素求核剤との反応では，ジオール，ヘミアセタール，アセタールが生成する（可逆反応）。
- 窒素求核剤との反応では，イミンやエナミンが生成する（可逆反応）。
- リンイリドとの反応は，リン-酸素結合の形成を駆動力として進行し，アルケンが生成する（Wittig（ウィティッヒ）反応）。

例題10.1

アルデヒドとケトンについて，カルボニル炭素の求核試薬に対する反応性の差異を議論しなさい。

解 答

どちらも酸素の電気陰性度ゆえにカルボニル炭素が正電荷を帯びる。しかし，水素原子と炭素原子の大きさの違いから，ケトンのカルボニル炭素まわりは込み合った状況にあり，求核試薬の接近を妨げる(A)。また，超共役によるアルキル基の電子供与性のため，ケトンのカルボニル炭素は，電子不足が解消された格好になる(B)。この２つの理由により，ケトンはアルデヒドよりも低反応性になる。

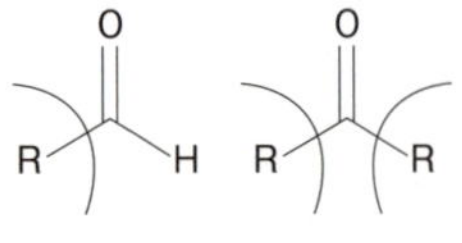

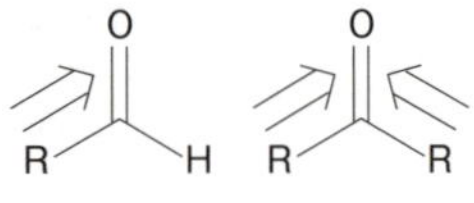

例題10.2

次に挙げた化合物を水和の起こりやすいものから起こりにくいものへと左から右に並べなさい。

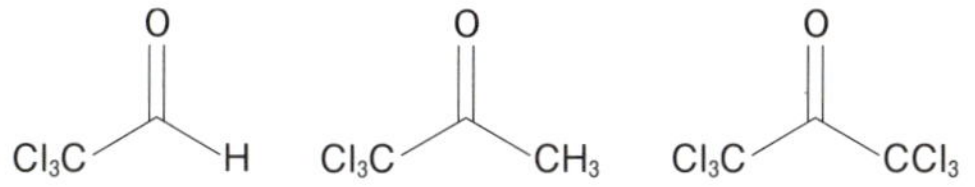

Cl₃C-CO-H   Cl₃C-CO-CH₃   Cl₃C-CO-CCl₃

解 答

メチル基の電子供与性，およびトリクロロメチル基の電子求引性を考慮する。

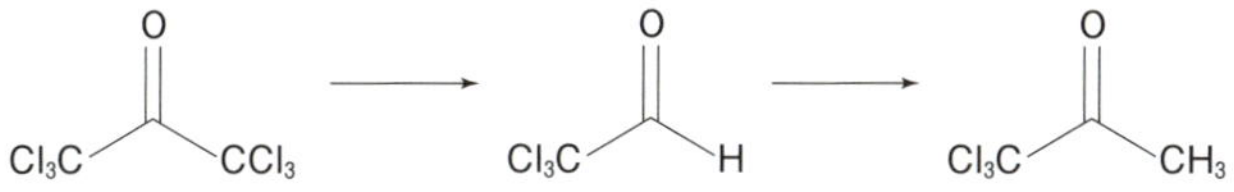

Cl₃C-CO-CCl₃ ⟶ Cl₃C-CO-H ⟶ Cl₃C-CO-CH₃

問 10.1

次の反応の生成物を書きなさい。

1) CH₃CH₂CH₂CH₂MgBr + H₂C=O ⟶

2) CH₃CH₂CH₂CH₂MgBr + H₃C-CO-CH₃ ⟶

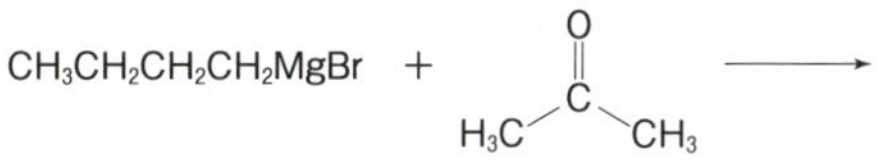

3) CH₃CH₂CH₂-CHO + NaBH₄ ⟶

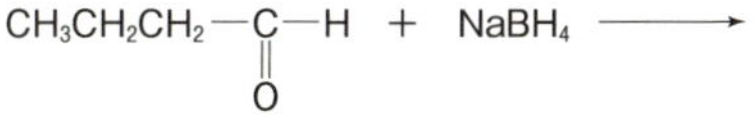

4) CH₃-CH=CH-CO-CH₃ + LiAlH₄ ⟶

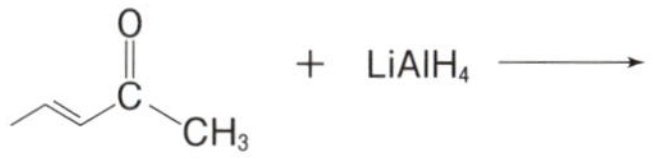

解 答

1) ホルムアルデヒドのカルボニル炭素に求核攻撃が起こり，生成するアルコキシドを酸で中和すると1-ペンタノールが得られる。

CH₃CH₂CH₂CH₂MgBr + H₂C=O ⟶ CH₃CH₂CH₂CH₂CH₂OH

2) 先と同様に反応し，2-メチル-2-ペンタノールが得られる。

CH₃CH₂CH₂CH₂MgBr + H₃C-CO-CH₃ ⟶ CH₃CH₂CH₂C(CH₃)₂OH

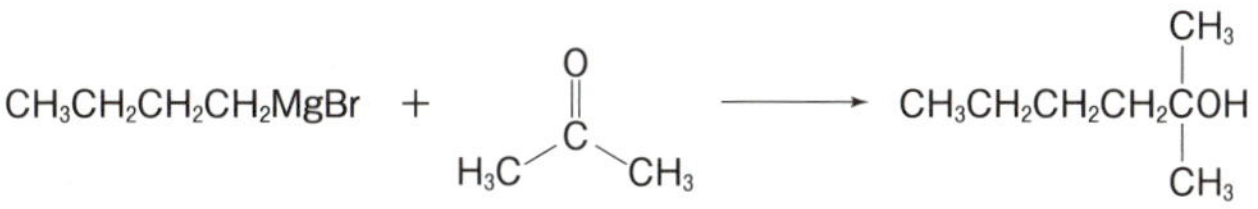

3) 水素化ホウ素ナトリウムがヒドリド試薬としてアルデヒドを還元し，1-ブタノールが得られる。

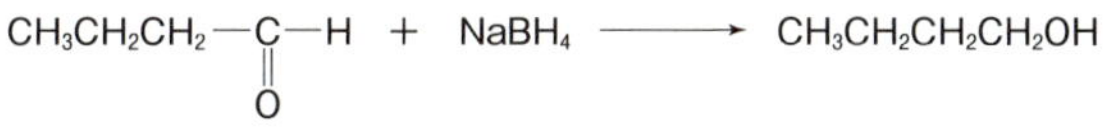

CH₃CH₂CH₂-CHO + NaBH₄ ⟶ CH₃CH₂CH₂CH₂OH

4）水素化リチウムアルミニウムは，水素化ホウ素ナトリウムよりも強い還元剤である。カルボニル基は還元できるが，炭素-炭素二重結合は還元しないので，*trans*-3-ペンテン-2-オールが得られる。

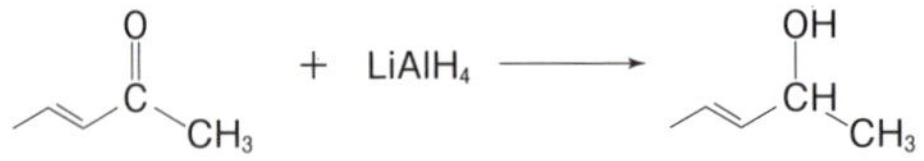

例題10.3

酸触媒によりオクタナールとメタノールからヘミアセタールを与える反応を，電子の流れを示す矢印を使って説明しなさい。

解　答

酸触媒によりカルボニル基が活性化され，反応性が高くなったカルボカチオンにメタノールの酸素原子が求核攻撃する。最後に，オキソニウムイオンから脱プロトン化が起こり，ヘミアセタールを生成する。

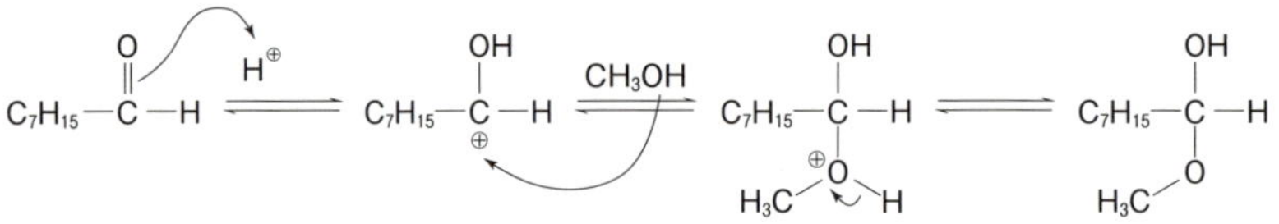

問 10.2

次の反応の生成物を書きなさい。

1) C_7H_{15}-CHO + CH_3OH (excess) $\xrightarrow{H^⊕}$

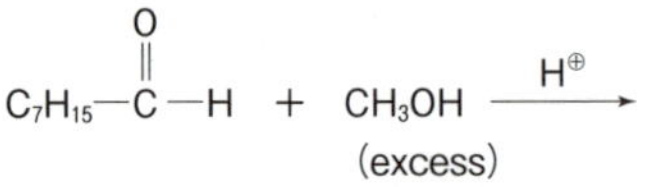

2) C_7H_{15}-CHO + $HOCH_2CH_2OH$ $\xrightarrow{H^⊕}$

3) [1,3-ジオキソラン構造] $\xrightarrow{H^⊕, H_2O}$

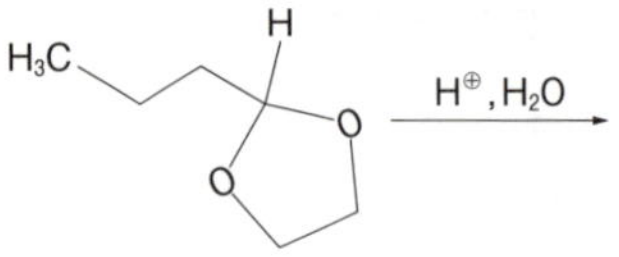

解　答

1）例題10.3で得られるヘミアセタールのヒドロキシ基の酸素原子がプロトン化され，2つの酸素原子に挟まれた炭素原子に求電子性が生まれる。ここに過剰に存在するメタノールが求核攻撃し，脱プロトン化を経てアセタールが得られる。

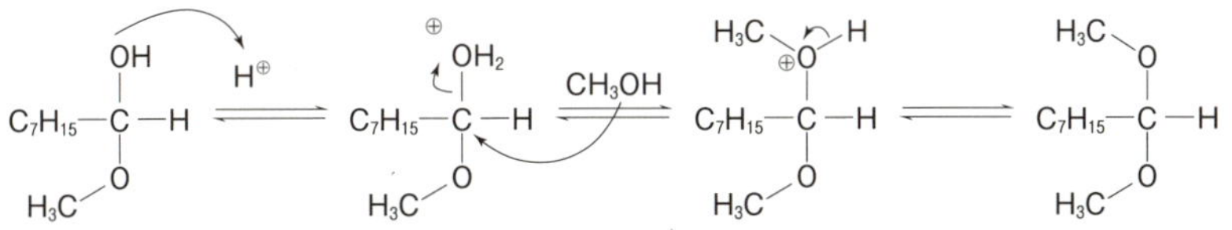

[反応スキーム: C₇H₁₅-CH(OH)(OCH₃) のプロトン化 → 脱水 → CH₃OH 付加 → C₇H₁₅-CH(OCH₃)₂ へのアセタール化機構]

2) 1,2-エタンジオール（エチレングリコール）との反応では，分子内でアセタール化が起こり，環状アセタールが生成する。これは対応する非環状アセタールよりも安定であり，カルボニル基の保護基としてしばしば利用される。

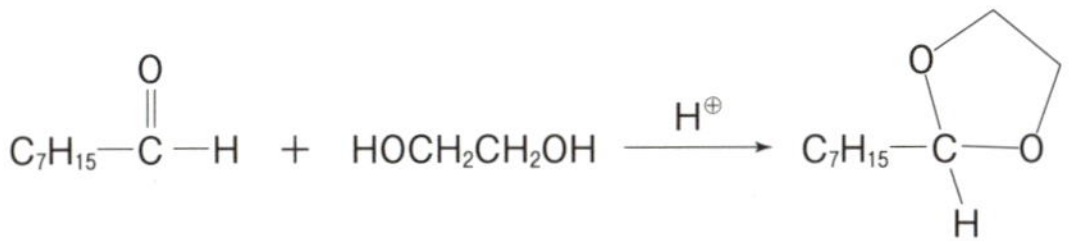

[反応式: C₇H₁₅-CO-H + HOCH₂CH₂OH →(H⁺) 環状アセタール]

3) 環状アセタールは，塩基性条件下，あるいは有機金属試薬に対しては安定であるが，酸性水溶液で処理すると，容易に加水分解され，もとのカルボニル化合物になる（脱保護反応）。

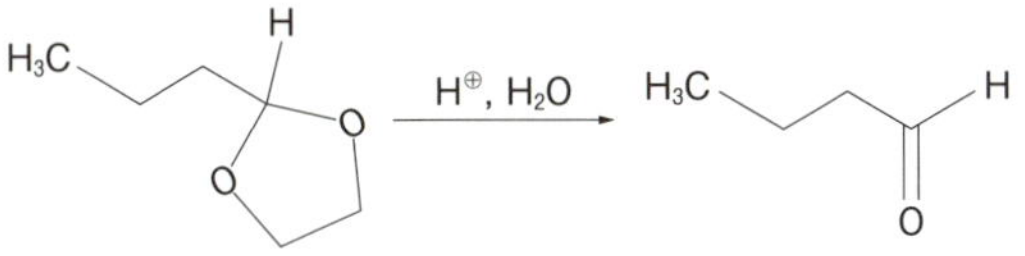

[反応式: 環状アセタール →(H⁺, H₂O) CH₃CH₂CH₂CHO]

例題10.4

アミンの類縁体であるヒドロキシルアミンとヒドラジンの構造式を書きなさい。

解　答

H₂N—OH（ヒドロキシルアミン）　　H₂N—NH₂（ヒドラジン）

問 10.3

次の反応の生成物を書きなさい。

1) C₂H₅-CO-CH₃ + C₄H₉NH₂ →(H⁺)

2) C₂H₅-CO-C₂H₅ + ピロリジン →(H⁺)

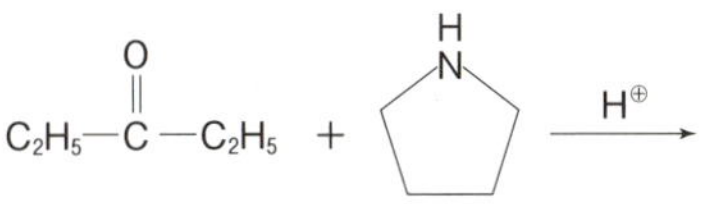

解　答

1) まず，カルボニル酸素がプロトン化され，生成するカルボカチオンに窒素原子が求核攻撃する。得られるヘミアミナールは，プロトン触媒による脱水と脱プロトン化を経由して，炭素-窒素二重結合をもつイミンを与える。

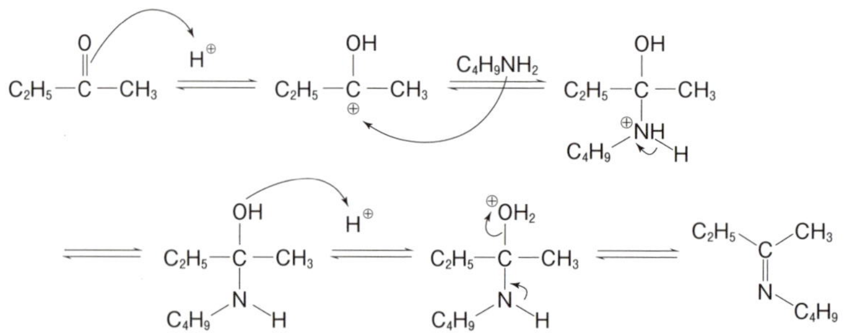

2） ヘミアミナールを生成するところまでは，先の反応と同様である。しかし，原料に第二級アミンを用いているので，窒素原子上から外れるプロトンは存在しない。そこで，隣の炭素原子からプロトンを引き抜いて，炭素–炭素二重結合をもつエナミンを与える。

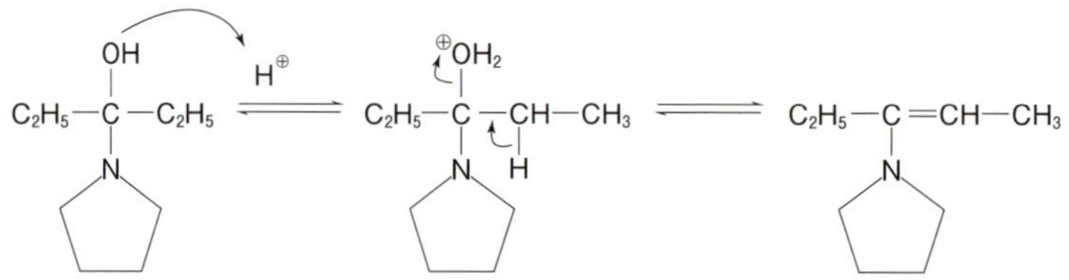

例題10.5

リンイリドには，安定で単離可能なものと不安定なものが存在する。次に挙げた化合物は，安定と考えられるか。電子的観点から考察しなさい。

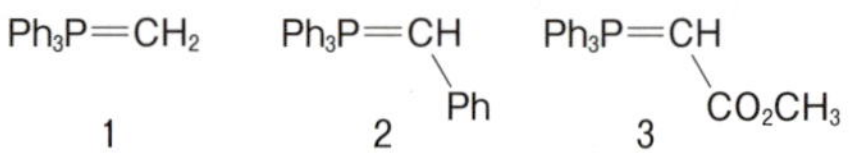

$Ph_3P=CH_2$　　$Ph_3P=CH\text{-}Ph$　　$Ph_3P=CH\text{-}CO_2CH_3$
　　1　　　　　　　　2　　　　　　　　　3

解　答

リンイリドは，リン原子が正に帯電し，炭素原子が負に帯電した共鳴構造式を書くことができる。したがって，この負電荷を非局在化させるような置換基があるものは安定である。よって，3が安定イリド，2が準安定イリド，1が不安定イリドとなる。

問 10.4

トリフェニルホスフィンとベンジルクロリドからリンイリドを調製する反応式を書きなさい。

解　答

トリフェニルホスフィンのリン原子が求核攻撃を行い，ホスホニウム塩を生成する。次に，これに n–ブチルリチウム（塩基）を反応させ，ホスホニウムイオンに隣接する炭素原子から脱プロトン化を行う。

PPh3
Cl
Ph
Cl⊖
H
Ph3P
Ph
Bu⊖
Ph3P
Ph

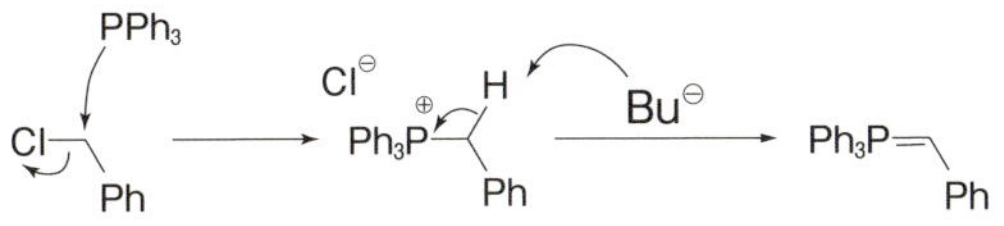

問　10.5

次の反応を，電子の流れを示す矢印を使って説明しなさい。

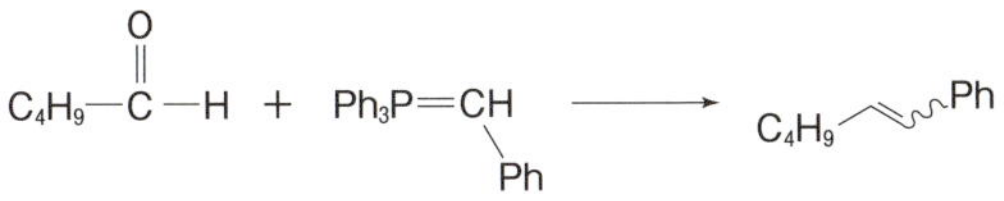

O
C4H9—C—H
+
Ph3P═CH
Ph
C4H9
Ph

解　答

リンイリドの負電荷をもつ炭素原子がアルデヒドのカルボニル炭素を求核攻撃し，双性イオンを経由して4員環構造のオキサホスフェタンになる。ここからホスフィンオキシドがとれると同時に，目的のアルケンが得られる。なお，この反応では，アルケンの立体化学を制御することはできず，シス体（*E* 体）とトランス体（*Z* 体）の混合物が得られる。

O
C4H9—C—H
+
Ph3P═CH
Ph
C4H9
Ph
⊖O
PPh3
C4H9
Ph
O—PPh3
C4H9
Ph
+
Ph3P═O

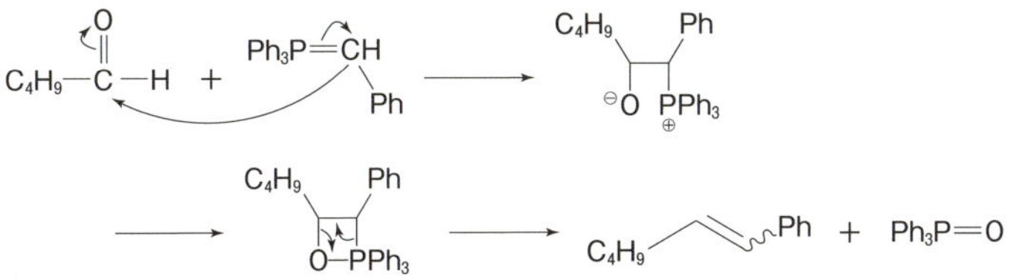

10.2　αプロトンの酸性度とエノラートイオンの反応

CHECK POINT

・カルボニル基の隣接炭素上にある水素（αプロトン）は，弱い酸性を示し，適当な塩基によりプロトンとして引き抜かれて，エノラートイオンを与える。
・酸触媒，および塩基触媒により，カルボニル化合物のα炭素をハロゲン化できる。
・エノラートイオンのカルボニル基に対する求核攻撃により，アルドール縮合が起こる。
・アルドール縮合により得られるβヒドロキシカルボニル化合物は，加熱により脱水し，α，β不飽和アルデヒドを与える。

例題10.6

次に挙げた化合物を塩基によるエノール化が起こりやすいものから起こりにくいものへと左から右に並べなさい。

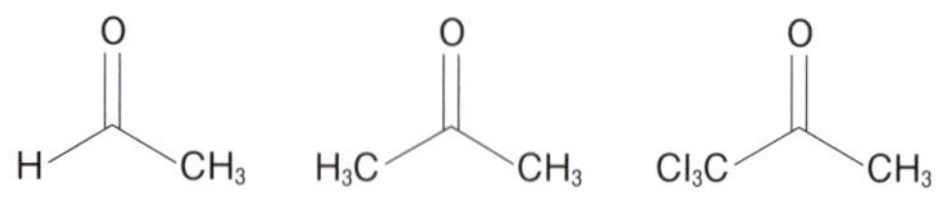

[構造式: アセトアルデヒド, アセトン, 1,1,1-トリクロロアセトン]

解 答

αプロトンが引き抜かれてアニオンが生成するので，これを安定化するような置換基をもつものほど塩基によるエノール化が起こりやすい。

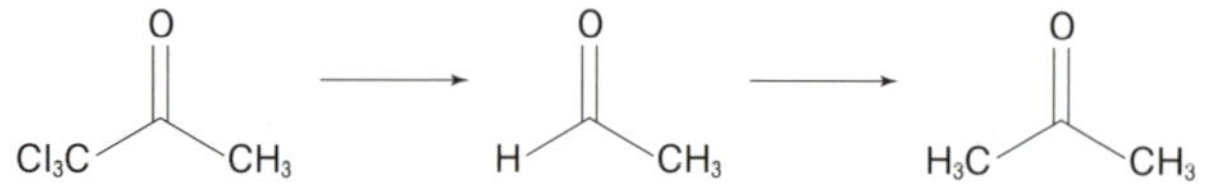

[構造式: Cl₃C-CO-CH₃ → H-CO-CH₃ → H₃C-CO-CH₃]

問 10.6

(S)-3-フェニル-2-ブタノンをエタノール中，ナトリウムエトキシドと反応させるとラセミ化が起こり，光学活性を示さなくなる。エノラートイオンの構造にもとづき，この理由を説明しなさい。

解 答

αプロトンが引き抜かれて生成するエノールは，平面構造をとり，これが再度プロトン化される際，上面と下面から等しく反応が起こるため，ラセミ化が起こる。

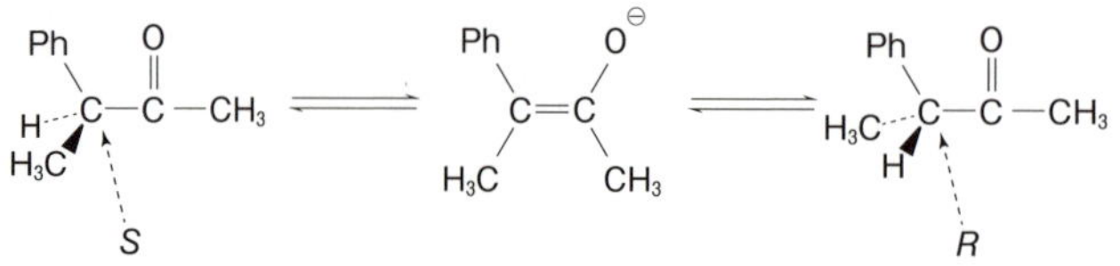

[構造式: (S)体 ⇌ エノラート平面構造 ⇌ (R)体]

問 10.7

次の反応の生成物を書きなさい。

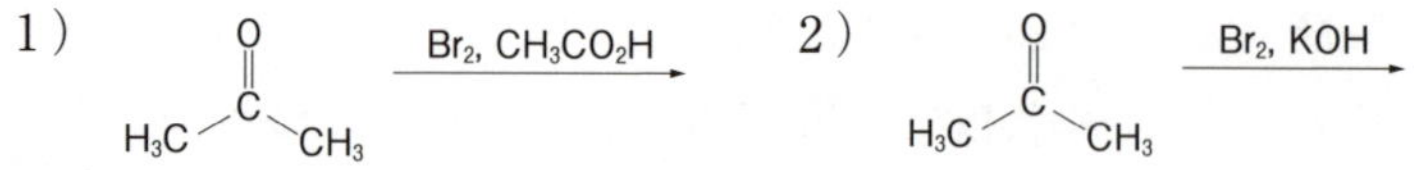

1) [アセトン] → Br₂, CH₃CO₂H

2) [アセトン] → Br₂, KOH

解 答

1) まず，カルボニル酸素がプロトン化され，ビニルアルコールが生成し，電子豊富な炭素-炭素二重結合が臭素を攻撃する。脱プロトン化を経て，α位の臭素化が完了する。重要なことは，モノ臭素化で反応が停止することである。原料よりも生成物の方がカルボニル炭素の塩基性が低くなるためである。

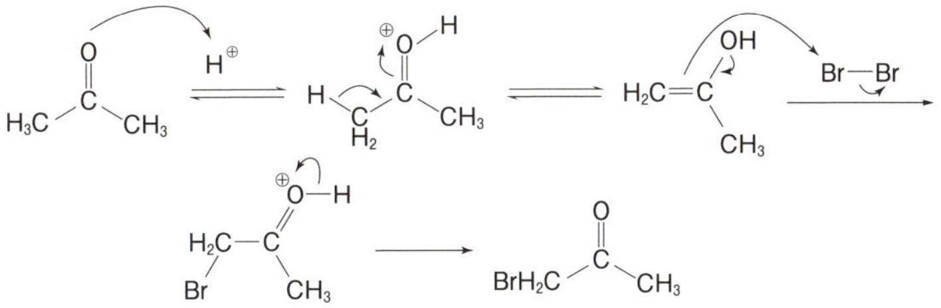

2） 塩基によりαプロトンが引き抜かれ、エノラートイオンが生成し、これが臭素を攻撃する。ただし、原料よりも生成物の方がαプロトンの酸性度が高くなるため、モノ臭素化で反応を止めることができず、生成物は複雑な混合物となる。

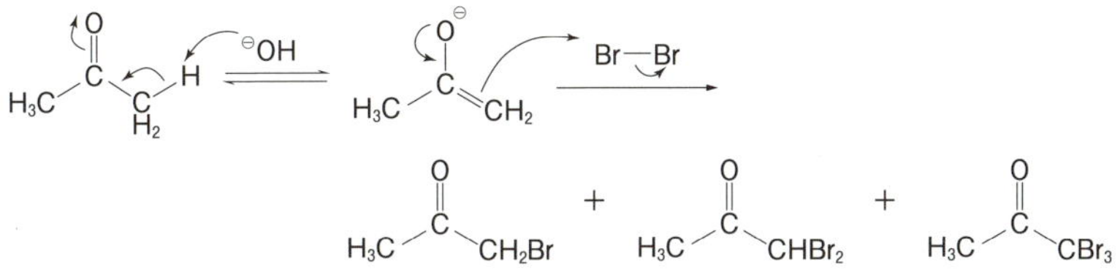

例題10.7

アルドール縮合では、強塩基あるいは多量の塩基を用いると、目的化合物を首尾よく得ることが困難である。この理由を説明しなさい。

解　答

アルドール縮合の最初の段階は、塩基によるαプロトンの引き抜きである。ただし、これが起こり過ぎると、エノラートイオンの求核攻撃相手となる原料（中性のカルボニル化合物）が無くなってしまい、炭素-炭素結合が起こらない。したがって、薄い濃度の弱い塩基を用い、これを低温でゆっくりとカルボニル化合物に加えていく必要がある。

例題10.8

アルドール縮合の生成物であるβヒドロキシカルボニル化合物を加熱すると、脱水によってα,β不飽和アルデヒドを与える。この理由を説明しなさい。

解　答

βヒドロキシカルボニル化合物がα,β不飽和アルデヒドと水になる反応では、エントロピーが増大するためである。また、炭素-炭素二重結合と炭素-酸素二重結合が共役することになり、熱力学的に有利な生成物に変化するためである。

$$CH_3CHO \xrightarrow[5°C]{\text{dil. NaOH}} CH_3CH(OH)CH(H)CHO \xrightarrow{\Delta} CH_3CH=CHCHO + H_2O$$

問 10.8

次の反応で得られる β ヒドロキシカルボニル化合物の構造を書きなさい。

1) $C_2H_5CHO \xrightarrow[5°C]{\text{dil. NaOH}}$

2) $PhCH_2CHO \xrightarrow[5°C]{\text{dil. NaOH}}$

3) $OHC-(CH_2)_4-CHO \xrightarrow[5°C]{\text{dil. NaOH}}$

解 答

1) プロパナールのアルドール縮合が起こる。

$$C_2H_5CHO \xrightarrow[5°C]{\text{dil. NaOH}} C_2H_5CH(OH)CH(CH_3)CHO$$

2) 2-フェニルアセトアルデヒドの α プロトンは，カルボニル基とフェニル基に挟まれており，酸性度が一層高くなっている。生成するアニオンが，エノラートイオンだけでなくベンジルアニオンとも見なせるためである。

$$PhCH_2CHO \xrightarrow[5°C]{\text{dil. NaOH}} PhCH_2CH(OH)CH(Ph)CHO$$

3) 2つある α プロトンの1つが引き抜かれてエノラートイオンが生成したのち，分子内の適当な位置に求核攻撃可能なカルボニル基が存在すると，環化反応が進行する。この場合，熱力学的に不利ではない5員環を与える。

$$OHC-(CH_2)_4-CHO \xrightarrow[5°C]{\text{dil. NaOH}} \text{(enolate intermediate)} \xrightarrow{H^+} \text{2-hydroxycyclopentanecarbaldehyde}$$

10.3 アルデヒド，ケトンの酸化反応と還元反応

CHECK POINT
- アルデヒドは，容易に酸化され，カルボン酸に変換される。これを利用した定性試験がいくつか知られている。
- アルデヒドとケトンは，ともにヒドリド試薬により還元され，アルコールを与える。
- カルボニル化合物とヒドラジンを反応させると，ヒドラゾンを経て，カルボニル基がメチレンに変換される（Wolff-Kishner（ウォルフ-キッシュナー）還元）。
- αプロトンのないアルデヒドを塩基性条件下で反応させると，酸化と還元反応が同時に起こり，カルボン酸とアルコールが得られる（Cannizzaro（カニッツァロ）反応）

例題10.9

プロパノンとヒドラジンからプロパノンヒドラゾンを与える反応を，電子の流れを示す矢印を使って説明しなさい。

解 答

アルコールに比べてアミンの求核性は高く，特に触媒を用いなくても反応は進行する。ヒドラジンのアミン窒素がカルボニル炭素を求核攻撃し，脱水を経て目的化合物が得られる（イミンの合成を復習しなさい）。

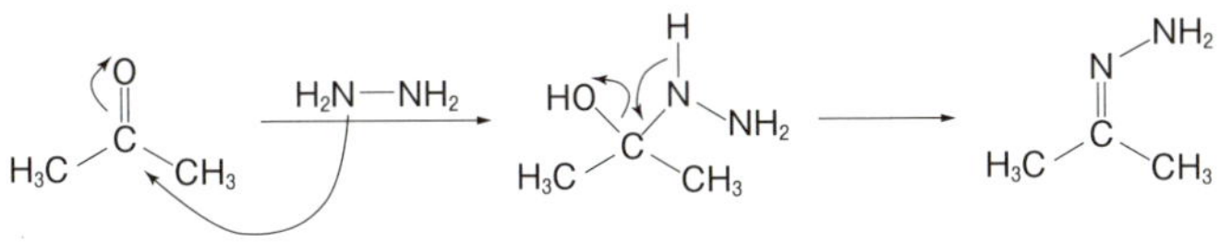

問 10.9

次の反応の生成物を書きなさい。

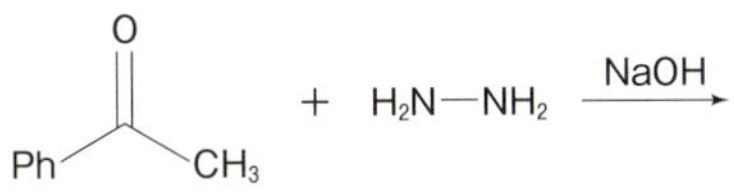

解 答

ヒドラジンの求核攻撃と脱水によりヒドラゾンを与えるところまでは先に示した例と同様である。この後，塩基がアミンプロトンを引き抜いてアゾ中間体を与える。再度，

同様にプロトン引き抜きが起こると，窒素ガスの発生を伴って，メチレン化合物が得られる（Wolff-Kishner 還元）。

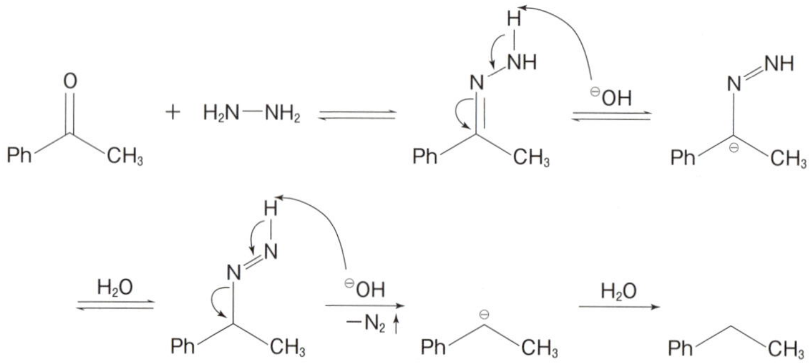

問 10.10

次の反応の生成物を書きなさい。

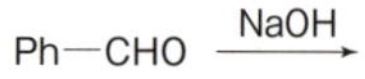

Ph—CHO $\xrightarrow{\text{NaOH}}$

解　答

ベンズアルデヒドのカルボニル炭素にヒドロキシアニオンが求核攻撃し，αヒドロキシアルコキシドが生成する。さらに，水酸基のプロトンを塩基が引き抜くと，不安定なジアニオンが生成し，これがヒドリド供与体となり，他のベンズアルデヒドのカルボニル基を還元する。最終的に，アルデヒドが酸化と還元を同時に起こし，安息香酸とベンジルアルコールが得られる（Cannizzaro 反応）。なお，原料にはαプロトンがないので，アルドール縮合は起こらない。

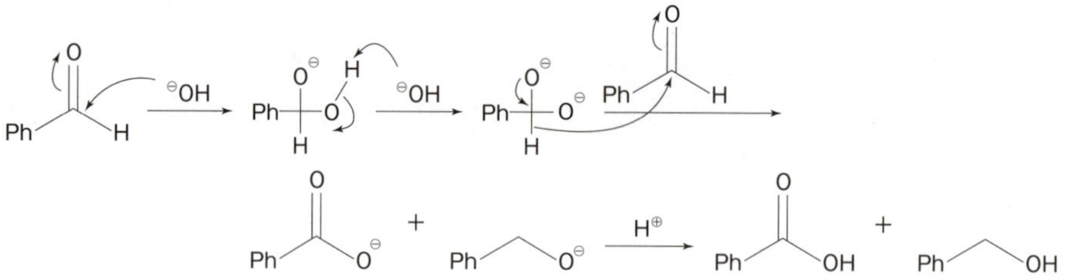

11 カルボン酸の化学

11.1 カルボン酸の酸性度

CHECK POINT
- カルボン酸は酸性を示し，炭酸水素ナトリウム（$NaHCO_3$）やアミンのような弱い塩基とも反応し塩を形成する。塩は水に溶解する。また，塩は求核試薬として用いることができる。
- カルボン酸の酸性度をpK_a値で表し，数値が小さい程酸性度が高く強い酸となる。
- カルボン酸は，生成するカルボキシラートイオンが安定化する程酸性度が高い。

例題11.1

酢酸のpK_aは4.8，モノクロロ酢酸のpK_aは2.9である。どちらが強い酸か。

解答

カルボン酸の酸性度pK_aは，数値が小さい程酸性度が高く強い酸となる。よって，モノクロロ酢酸のほうが強い酸。プロトンが外れて生成するカルボキシラートイオンを比較した場合，Clは電気陰性度の大きな基であるので誘起効果的に電子求引性基として働き，カルボキシラートイオンをより安定化させるためである。

問 11.1

酢酸，モノクロロ酢酸，ジクロロ酢酸，トリクロロ酢酸を強い酸から弱い酸の順に並べよ。

解　答

　プロトンが外れて生成するカルボキシラートイオンを比較した場合，Cl は誘起効果的に電子求引性基として働き，より多く付いている程カルボキシラートイオンをより安定化させる。よって，トリクロロ酢酸，ジクロロ酢酸，モノクロロ酢酸，酢酸の順になる。

問 11.2

　モノクロロ酢酸，モノブロモ酢酸，モノフルオロ酢酸を強い酸から弱い酸の順に並べよ。

解　答

　プロトンが外れて生成するカルボキシラートイオンを比較した場合，より誘起効果的に電子求引性基として働く基が付いている程カルボキシラートイオンをより安定化させる。よって，モノフルオロ酢酸，モノクロロ酢酸，モノブロモ酢酸の順になる。

問 11.3

　ここにフェノールと安息香酸の混合物が有機溶媒に溶けている試料がある。フェノールと安息香酸を簡単な試薬を用いて分離する方法を説明しなさい。

解　答

　安息香酸は，炭酸水素ナトリウムと反応して安息香酸ナトリウムと炭酸となる。炭酸は不安定ですぐに炭酸ガスと水になる。一方，フェノールは，炭酸より酸性度が低いため炭酸水素ナトリウムと反応しない。これらのことを利用して，抽出法で分離することができる。すなわち，有機溶媒に溶けているフェノールと安息香酸の混合物試料へ飽和炭酸水素ナトリウム水溶液を加え，分液ロートで2層（有機層と水層）に分離する。この有機層にフェノールが存在する。ここで得た水層に有機溶媒を加え，希塩酸で酸性にし，有機層を取り出す。この有機層に安息香酸が存在する。

11.2　カルボン酸の求核アシル置換反応

CHECK POINT

求核アシル置換反応について

- カルボン酸の水酸基が求核試薬の攻撃により，エステル，アミド，酸ハロゲン化物などのカルボン酸誘導体を与える。
- 求核試薬の付加に続いて，水酸基が水として脱離する二段階で反応が進行する。
- 求核性の高い試薬と求核性の低い試薬では反応機構が違う。

- アルコールのような求核性の低い試薬を用いる場合，酸触媒存在下で行う。酸触媒はカルボキシ基の活性化に働く。
- 求核剤としてアルコールを用いるとエステルが生成し，アミンを用いるとアミドが生成する。

例題11.2

ブタン酸（酪酸）から誘導されるつぎの化合物を書きなさい。
1) 酪酸イソプロピル　　2) N-エチルブタンアミド　　3) 酸塩化物

解　答

1) ブタン酸イソプロピルエステルの構造式　　2) N-エチルブタンアミドの構造式　　3) ブタノイルクロリドの構造式

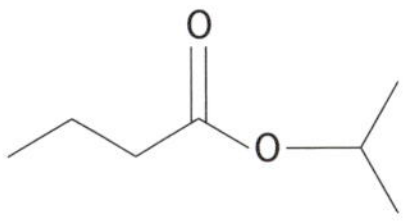

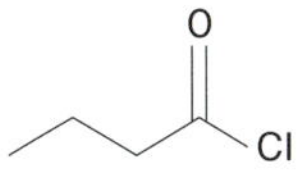

例題11.3

カルボン酸の求核アシル置換反応について，求核性が高い試薬（Nu⁻）と求核性が低い試薬（:Nu－H）の場合について，その反応機構を電子の動きが分かるように矢印を用いて書きなさい。

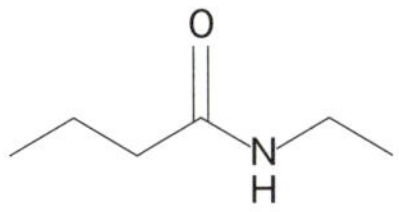

解　答

[求核性が高い場合]

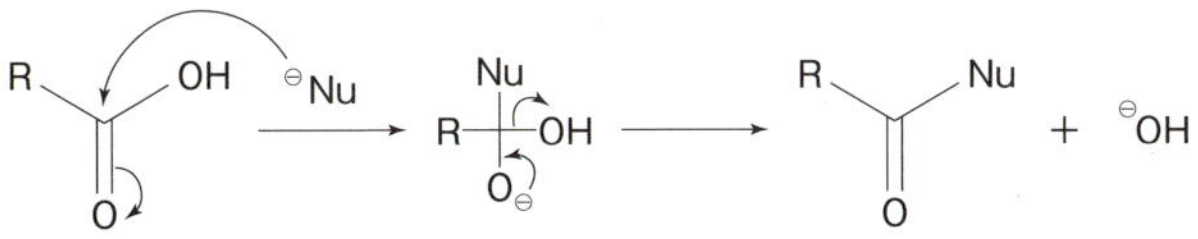

R-C(=O)-OH + ⁻Nu → R-C(Nu)(OH)(O⁻) → R-C(=O)-Nu + ⁻OH

[求核性が低い場合]

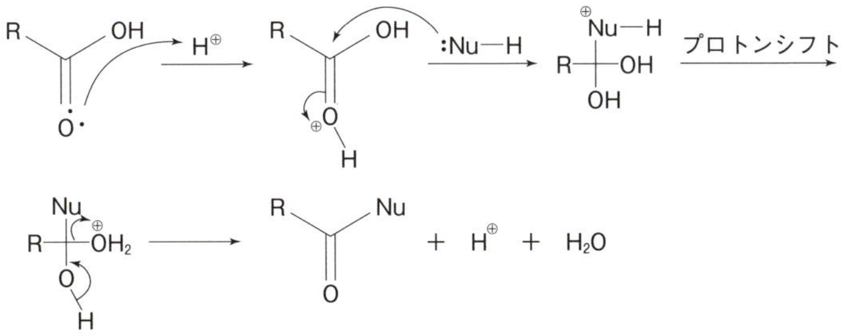

R-C(=O)-OH + H⁺ → R-C(OH)=O⁺H + :Nu-H → R-C(Nu-H)(OH)(OH) →プロトンシフト→

R-C(Nu)(OH)(O⁺H₂) → R-C(=O)-Nu + H⁺ + H₂O

例題11.4

ベンゼンから安息香酸メチルへ変換するフロー式を示しなさい。

解　答

① まず，出発物質（原料）と目的物質の構造式を書く。

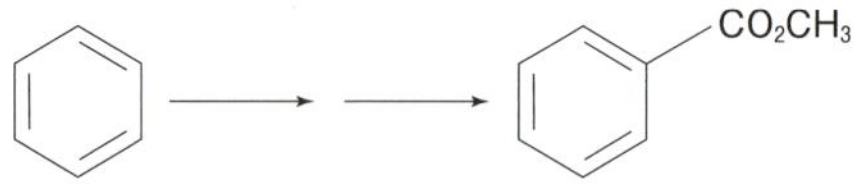

② 出発物質と目的物質の炭素骨格の炭素数を比較する。出発物質の炭素骨格の炭素数は6個，目的物質は8個である。すなわち炭素1個の増炭、およびエステル酸素上で1個の増炭を行う必要がある。
③ ベンゼン環にメチル基を導入後，側鎖の酸化，エステル化すれば目的物に導ける。
④ これをフロー式で示すと次の様になる。

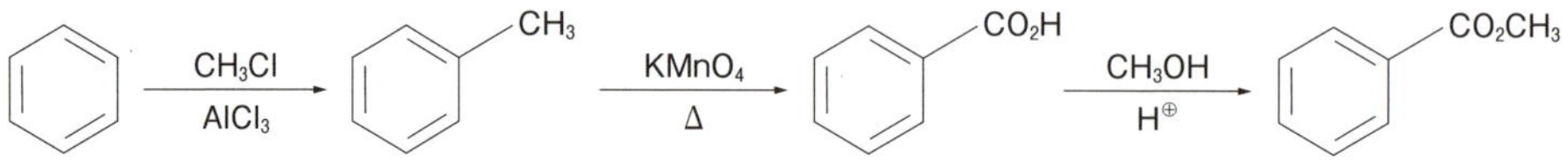

問 11.4

プロピオン酸を次の試薬と反応させた。生成物は何か。
1) CH$_3$OH/H$^⊕$触媒　　2) (1) LiAlH$_4$ (2) H$_3$O$^⊕$　　3) NaHCO$_3$
4) SOCl$_2$　　5) PBr$_3$

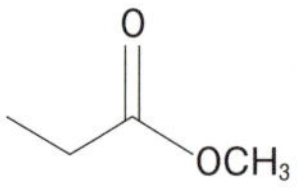

解 答

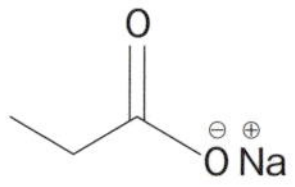

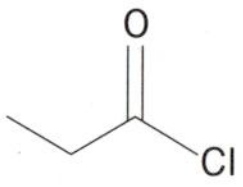

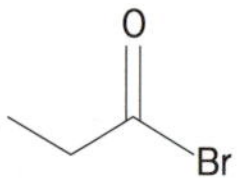

問 11.5

問11.4 1) と 2) の反応機構を示しなさい（電子の動きがわかるように矢印を用いて示すこと）。

解 答

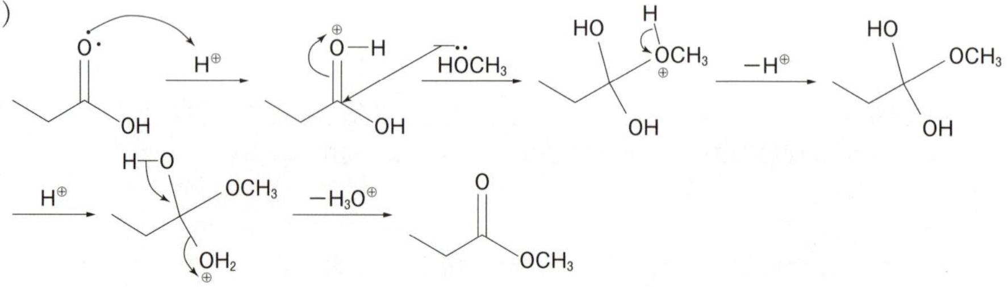

2）

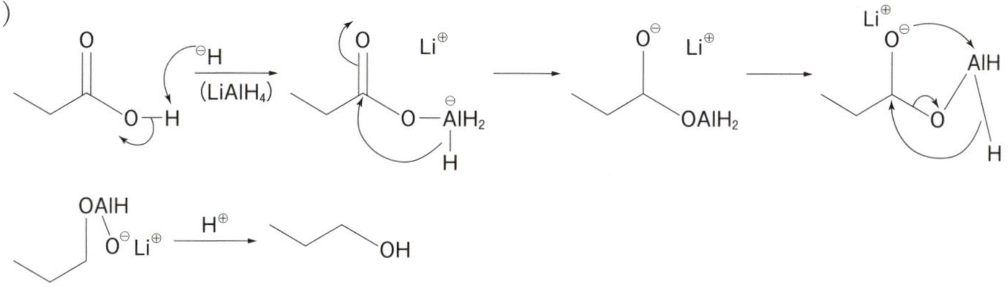
O
⊖H
(LiAlH4)
O—H
O
Li⊕
O—AlH2
H
O⊖
Li⊕
OAlH2
Li⊕
O⊖
AlH
O
H
OAlH
O⊖ Li⊕
H⊕
OH

問　11.6

次の変換をフロー式で示しなさい。ただし，オルト体とパラ体は分離可能であるとする。

1）　ペンタン酸イソプロピルからブタン酸

2）　ブロモエタンからプロパン酸

3）　トルエンから*p*-メチル安息香酸

4）　シクロヘキサノールからヘキサン二酸（アジピン酸：ナイロン合成の原料）

5）　2-メチルプロペンから2,2-ジメチルプロピオン酸

6）　2-メチルプロペンから3-メチルブタン酸

解　答

1）

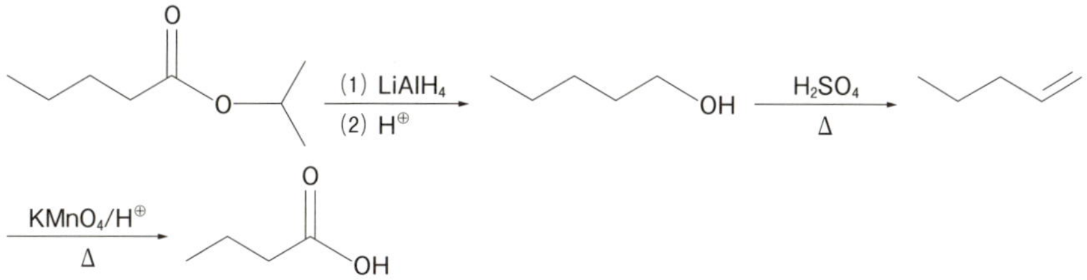
O
O
(1) LiAlH4
(2) H⊕
OH
H2SO4
Δ
KMnO4/H⊕
Δ
O
OH

2）

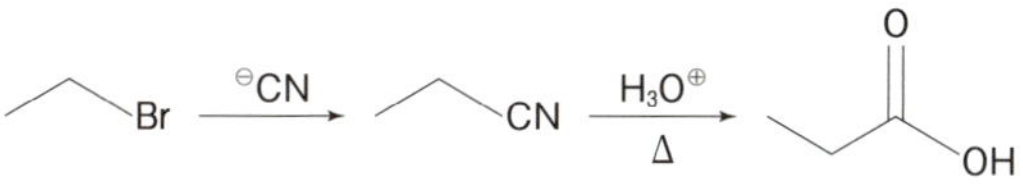
Br
⊖CN
CN
H3O⊕
Δ
O
OH

3）

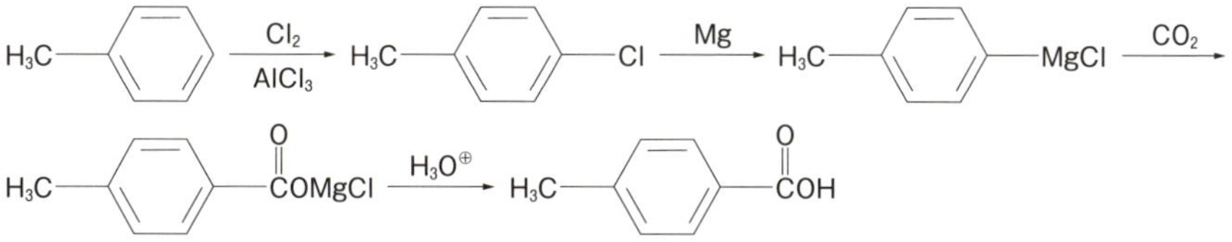
H3C
Cl2
AlCl3
H3C
Cl
Mg
H3C
MgCl
CO2
H3C
O
COMgCl
H3O⊕
H3C
O
COH

4）

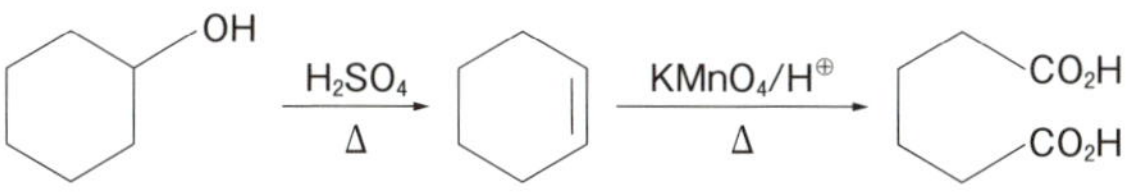
OH
H2SO4
Δ
KMnO4/H⊕
Δ
CO2H
CO2H

5)

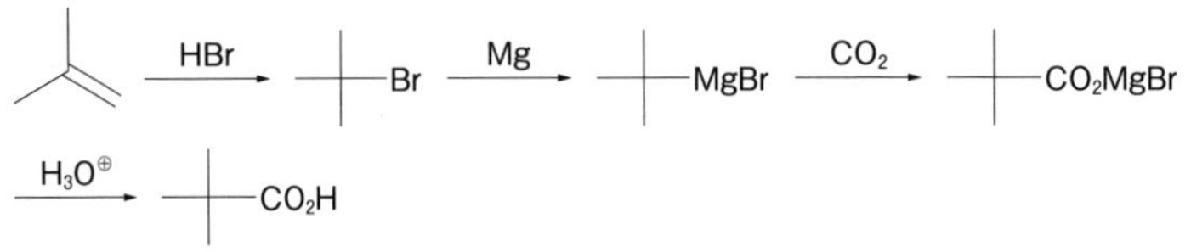

$\text{(CH}_3)_2\text{C=CH}_2 \xrightarrow{\text{HBr}} (\text{CH}_3)_3\text{C-Br} \xrightarrow{\text{Mg}} (\text{CH}_3)_3\text{C-MgBr} \xrightarrow{\text{CO}_2} (\text{CH}_3)_3\text{C-CO}_2\text{MgBr}$

$\xrightarrow{\text{H}_3\text{O}^\oplus} (\text{CH}_3)_3\text{C-CO}_2\text{H}$

6)

$(\text{CH}_3)_2\text{C=CH}_2 \xrightarrow{\text{BH}_3} (\text{CH}_3)_2\text{CHCH}_2\text{-BH}_2 \xrightarrow[\text{OH}^\ominus]{\text{H}_2\text{O}_2} (\text{CH}_3)_2\text{CHCH}_2\text{-OH} \xrightarrow{\text{SOCl}_2} (\text{CH}_3)_2\text{CHCH}_2\text{-Cl}$

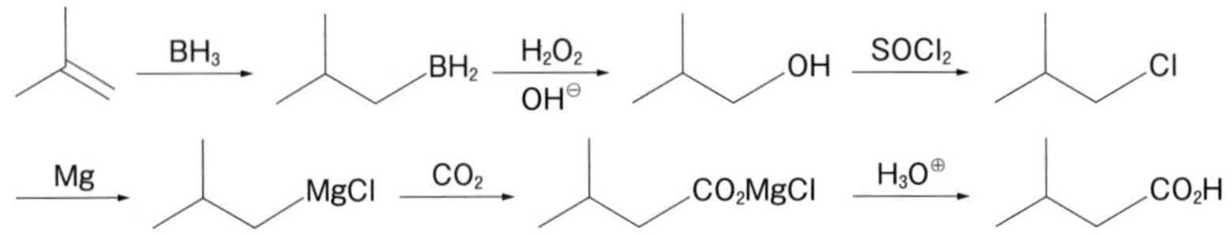

$\xrightarrow{\text{Mg}} (\text{CH}_3)_2\text{CHCH}_2\text{-MgCl} \xrightarrow{\text{CO}_2} (\text{CH}_3)_2\text{CHCH}_2\text{-CO}_2\text{MgCl} \xrightarrow{\text{H}_3\text{O}^\oplus} (\text{CH}_3)_2\text{CHCH}_2\text{-CO}_2\text{H}$

12 カルボン酸誘導体の化学

12.1 カルボン酸誘導体の求核アシル置換反応

CHECK POINT
- カルボン酸誘導体は求核アシル置換反応を起こし，その反応性は脱離基が脱離後に安定化するもの程高い。反応性：酸ハロゲン化物＞酸無水物＞エステル＞アミド
- カルボン酸誘導体はそれよりも反応性の低い他のカルボン酸誘導体へ変換できる。
- カルボン酸誘導体は酸あるいは塩基によって加水分解するとカルボン酸になる。
- エステルを Grignard 試薬（2当量）と反応させると第三級アルコールが生成する。

例題12.1

求核アシル置換反応において，エステル，アミド，酸ハロゲン化物，酸無水物を反応性の低いものから高いものへと並べなさい（一般式で示しなさい）。

解 答

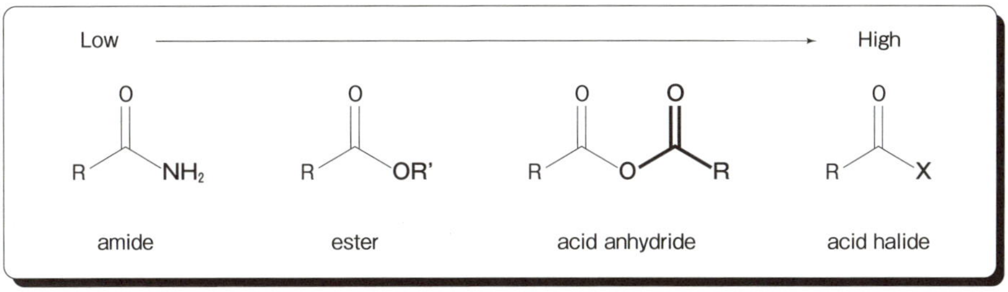

Low ──────────────────────────────→ High

amide	ester	acid anhydride	acid halide
R−C(=O)−NH$_2$	R−C(=O)−OR'	R−C(=O)−O−C(=O)−R	R−C(=O)−X

例題12.2

ベンゼンから4-ブロモ安息香酸メチルへ変換するフロー式を示しなさい。ただし，オルト体とパラ体は分離可能であるとする。

解　答

① まず，出発物質（原料）と目的物質の構造式を書く。

② 出発物質と目的物質の炭素骨格の炭素数を比較する。出発物質の炭素骨格の炭素数は6個，目的物質は8個である。すなわち炭素1個の増炭とエステル酸素上に1個の増炭が必要となる。

③ ベンゼン環にメチル基を入れてからBr基を入れると4位に入る。ベンゼン環にBr基を入れてからメチル基を入れても4位に入るが，メチル基はベンゼン環の活性化基として働き，Br基は不活性化基として働くことから，前者の方法が好ましい。

④ ベンゼン環にメチル基を入れてからBr基を導入後，側鎖の酸化，エステル化をすれば目的物に導くことができる。

⑤ これをフロー式で示すと次のようになる。

問 12.1

酢酸から誘導される次の化合物を書きなさい。

1）酢酸シクロペンチル　　2）N, N-ジメチルエタンアミド　　3）酸臭化物
4）無水酢酸

解　答

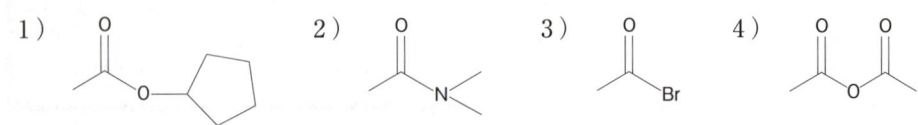

問 12.2

塩化ベンゾイルを次の試薬と反応させた。生成物は何か。

1）H_2O　　2）CH_3CH_2OH　　3）NH_3　　4）$CH_3CH_2NH_2$

解 答

1) 安息香酸 (benzoic acid, PhCOOH)
2) 安息香酸エチル (ethyl benzoate, PhCOOCH₂CH₃)
3) ベンズアミド (benzamide, PhCONH₂)
4) N-エチルベンズアミド (PhCONHCH₂CH₃)

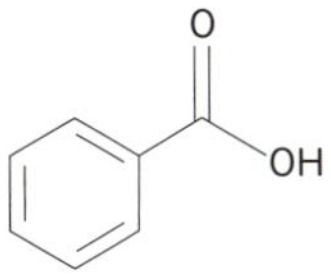

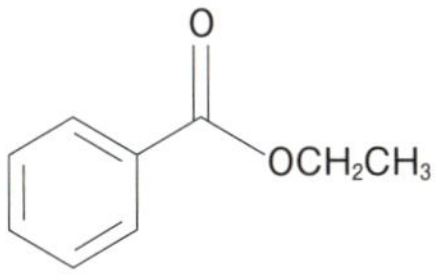

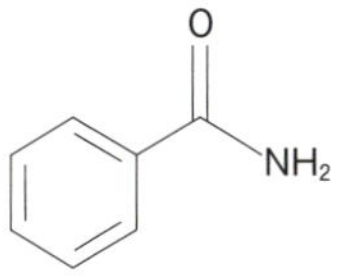

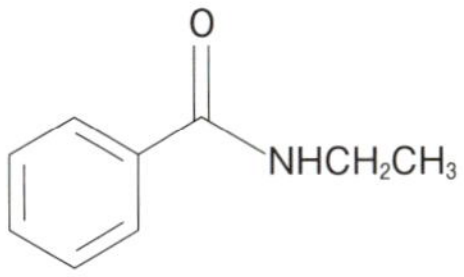

問 12.3

問12.2 1)〜4)の反応機構を示しなさい（電子の動きがわかるように矢印を用いて示すこと）。

解 答

1) PhCOCl + H₂O → 四面体中間体（O⁻, ⁺OH₂, Cl）→ −Cl⁻ → PhC(=O)⁺OH–H → −H⁺ → PhCOOH

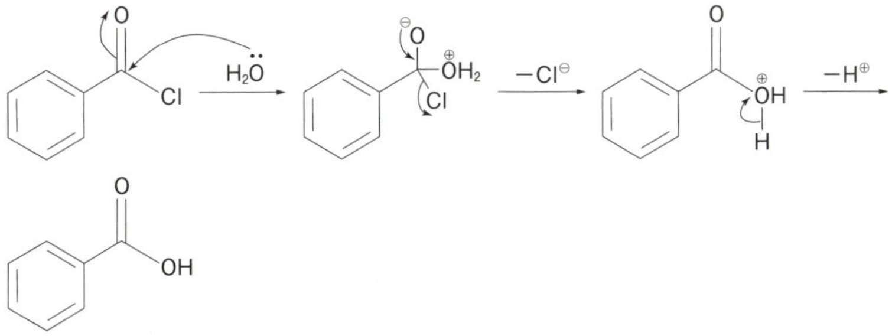

2) PhCOCl + HOCH₂CH₃ → 四面体中間体（O⁻, ⁺O(H)CH₂CH₃, Cl）→ −Cl⁻ → PhC(=O)⁺O(H)CH₂CH₃ → −H⁺ → PhCOOCH₂CH₃

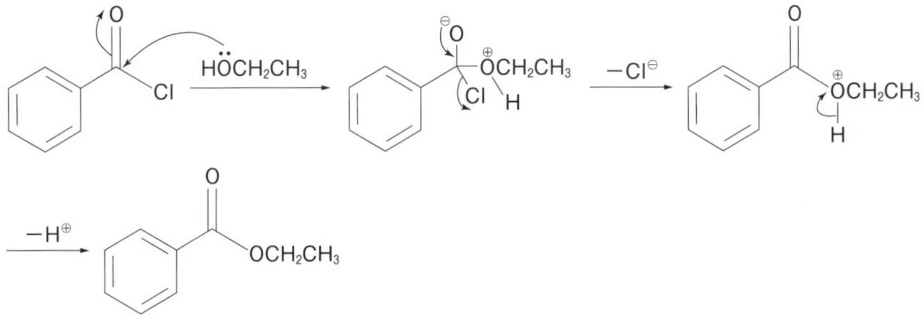

3) PhCOCl + :NH₃ → 四面体中間体（O⁻, ⁺NH₃, Cl）→ −Cl⁻ → PhC(=O)⁺NH₂–H → −H⁺ → PhCONH₂

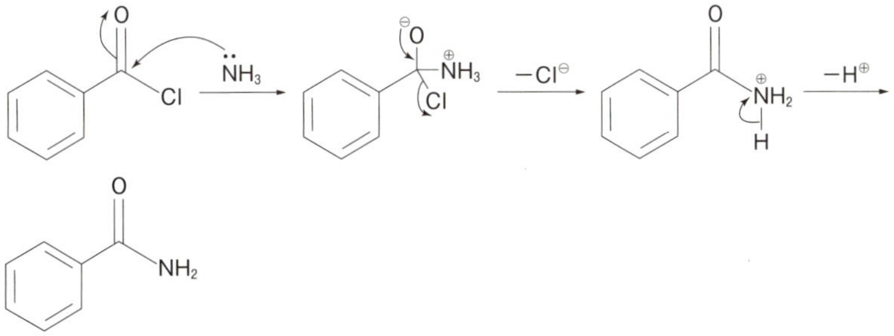

4）

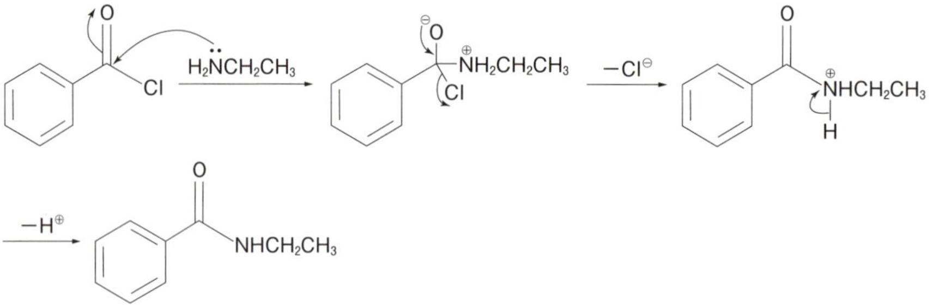

問 12.4

無水安息香酸を次の試薬と反応させた。生成物は何か。

1） H_2O　2） CH_3OH　3） NH_3　4） CH_3NH_2

解 答

1）

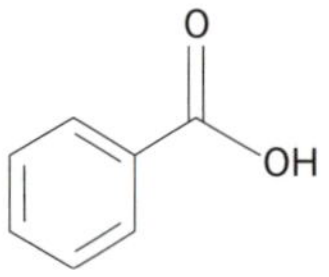

2）

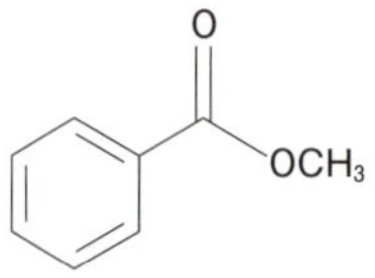

3）

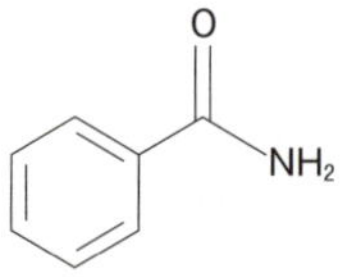

4）

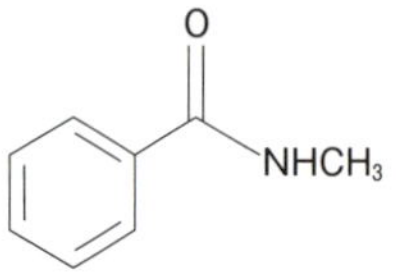

問 12.5

ペンタン酸エチルを次の試薬と反応させた。生成物は何か。

1） $H_3O^{\oplus}$　2） NaOH　3） (1) $LiAlH_4$ (2) $H_3O^{\oplus}$

4） (1) $2CH_3MgBr$ (2) $H_3O^{\oplus}$　5） NH_3

解 答

1）

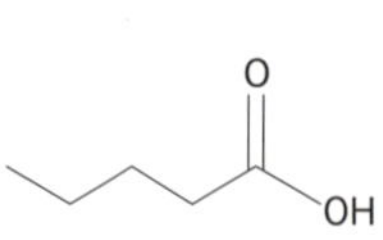

2）

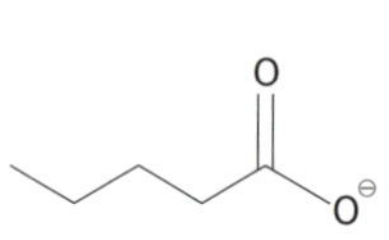

3）

4）

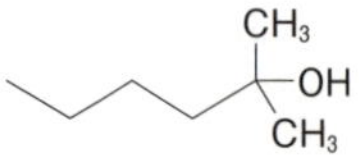

5）

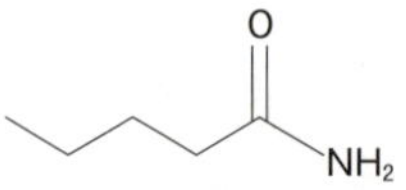

問 12.6

問12.5 1)〜4) の反応機構を示しなさい（電子の動きがわかるように矢印を用いて示すこと）。

解　答

1) 〜 4) [反応機構の図]

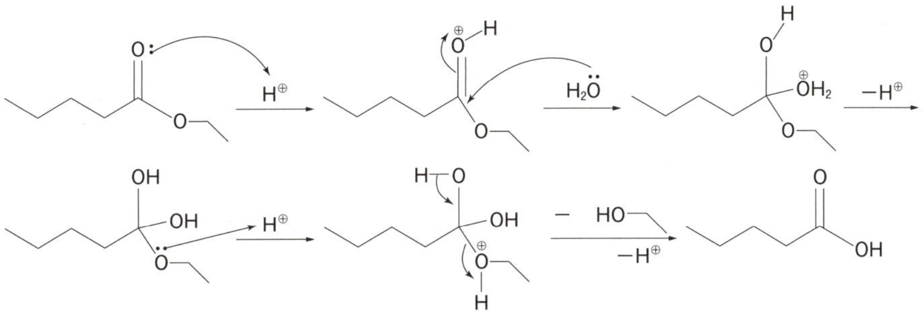

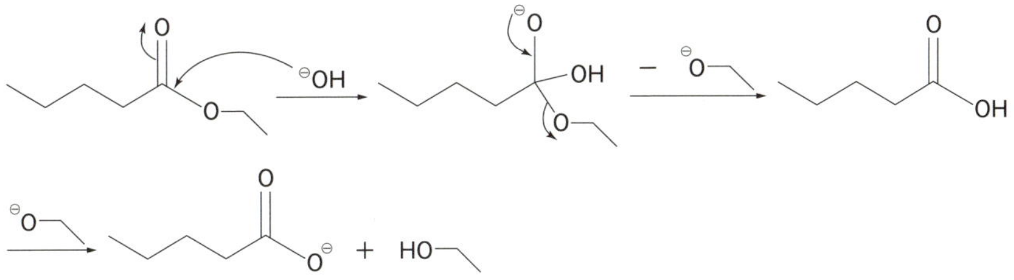

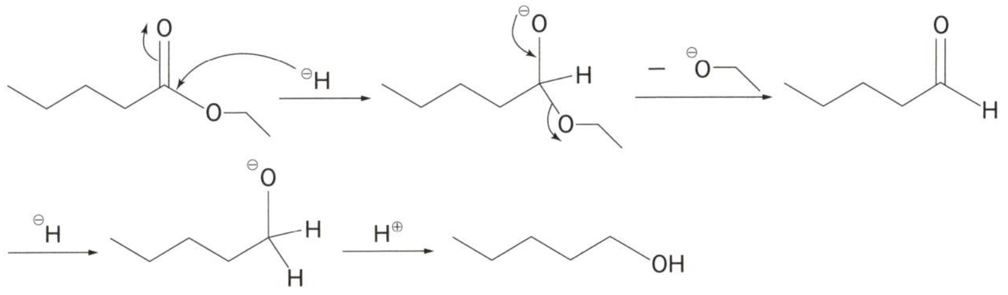

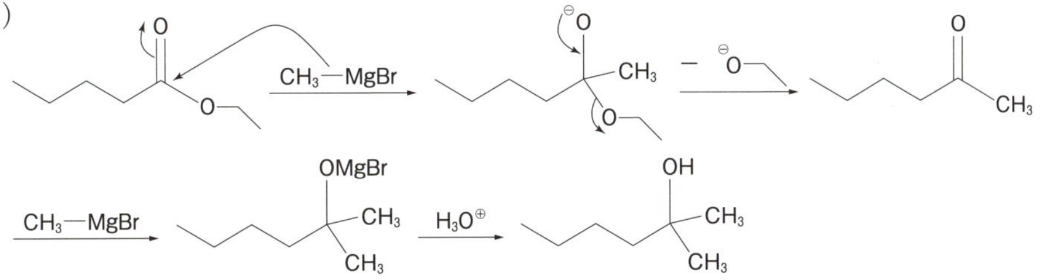

問 12.7

次の変換をフロー式で示しなさい。
1) クロロエタンからプロパン酸エチル
2) プロパン酸メチルから2-メチル-2-ブタノール

3) ブタン酸から N-メチルブタンアミド（2通りで示しなさい）
4) ブタン酸イソプロピルから1-ブロモブタン

解　答

1) CH₃CH₂Cl → (⁻CN) → CH₃CH₂CN → (H₃O⁺, Δ) → CH₃CH₂COOH → (H⁺, CH₃CH₂OH) → CH₃CH₂COOCH₂CH₃

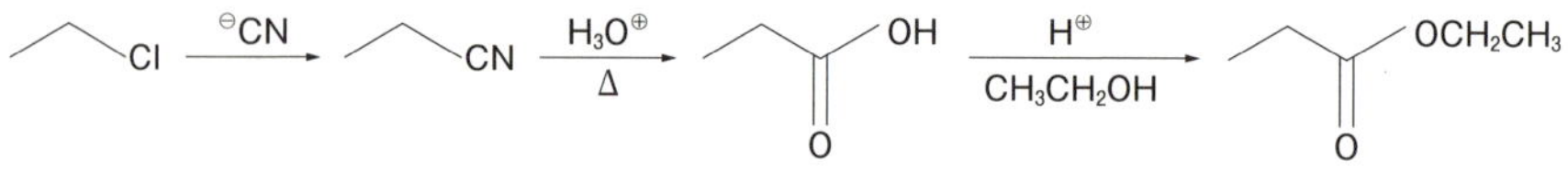

2) CH₃CH₂COOCH₃ → (CH₃MgBr) → CH₃CH₂COCH₃ → (CH₃MgBr) → CH₃CH₂C(CH₃)₂OMgBr → (H₃O⁺) → CH₃CH₂C(CH₃)₂OH

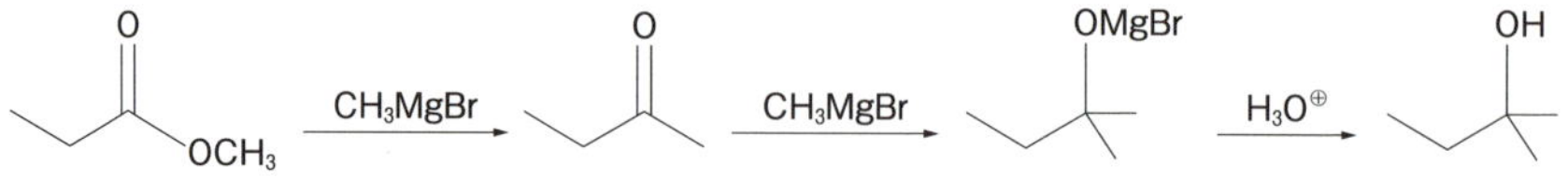

3) CH₃CH₂CH₂COOH → (SOCl₂) → CH₃CH₂CH₂COCl → (NH₂CH₃) → CH₃CH₂CH₂CONHCH₃
   CH₃CH₂CH₂COOH → (H⁺, CH₃OH) → CH₃CH₂CH₂COOCH₃ → (NH₂CH₃) → CH₃CH₂CH₂CONHCH₃

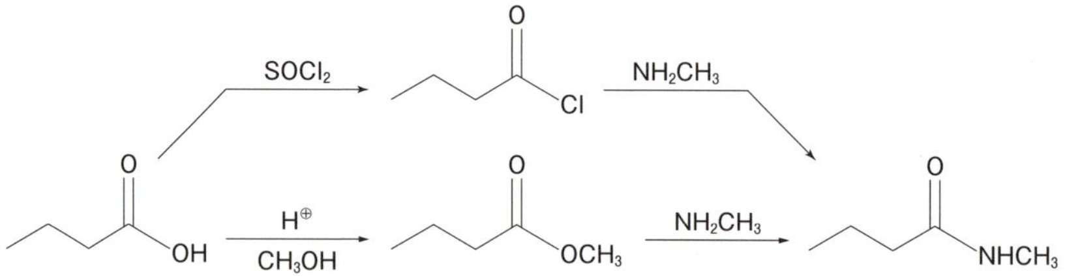

4) CH₃CH₂CH₂COOCH(CH₃)₂ → (LiAlH₄) → CH₃CH₂CH₂CH₂O⁻ → (⁺H) → CH₃CH₂CH₂CH₂OH → (PBr₃) → CH₃CH₂CH₂CH₂Br

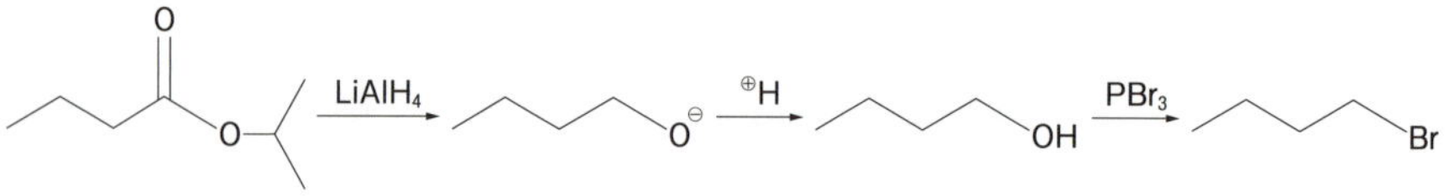

12.2　エステルの縮合反応

―CHECK POINT―
- α水素をもつエステルは塩基によってエノラートイオンとなり，よい求核剤として働き，未反応のエステルと反応してβケトエステルを与える（Claisen（クライゼン）縮合，Dieckmann（ディークマン）縮合）。
- β-ケトエステルは酸加水分解により容易に脱炭酸する。

例題12.3

酢酸メチルを例にとり，Claisen縮合の反応機構を書きなさい。

解 答

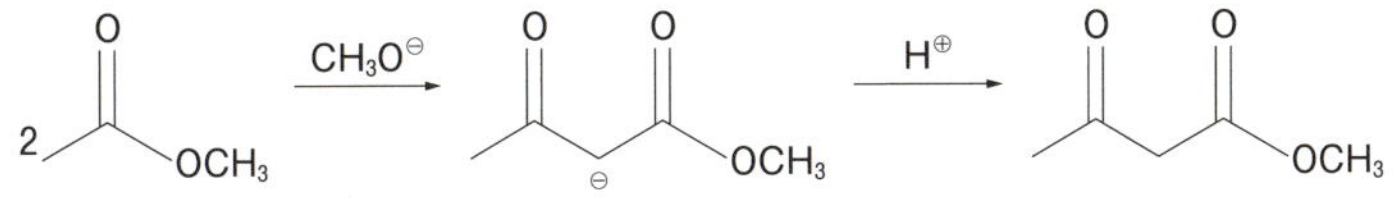

[反応機構]

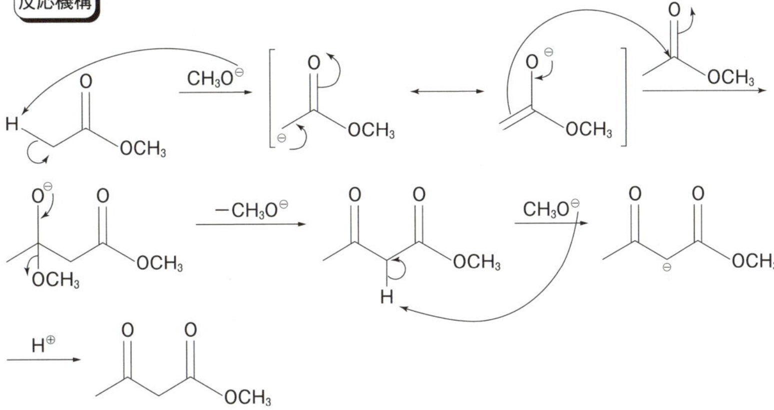

問 12.8
次の変換をフロー式で示しなさい。
1) 酢酸エチルからアセト酢酸エチル
2) アセト酢酸エチルからアセトンと二酸化炭素
3) アセト酢酸エチルからアセト酢酸

解 答

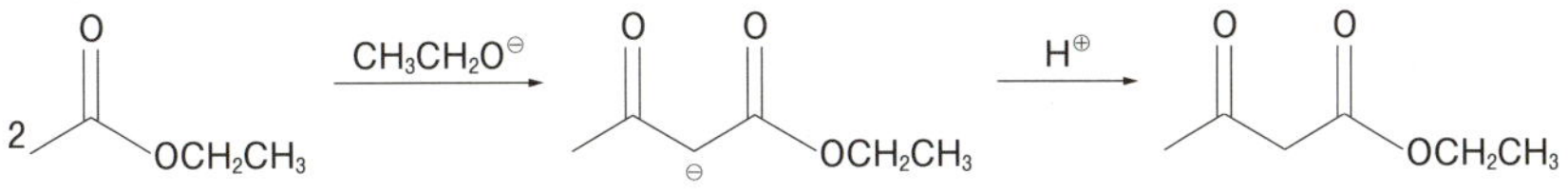

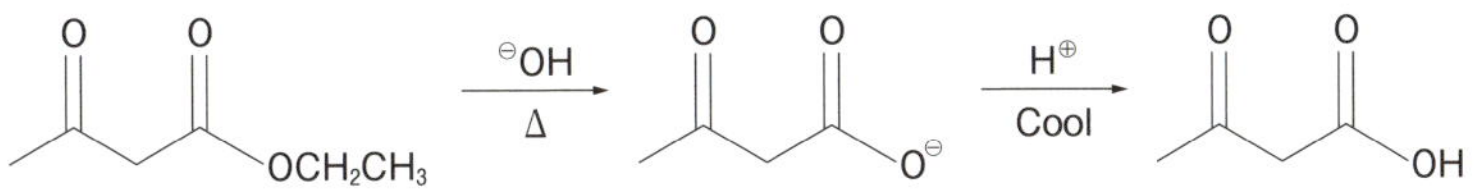

問 12.9
次のエステルを合成するためのフロー式を示しなさい。ただし，1）と3）は，2分子のエステルを原料に，また2）は，鎖状エステルを原料に用いること。

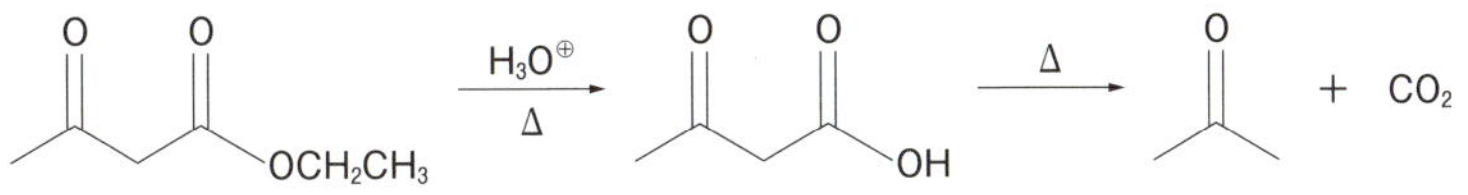

1）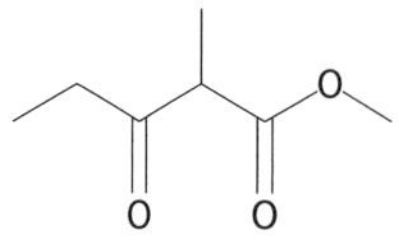

2）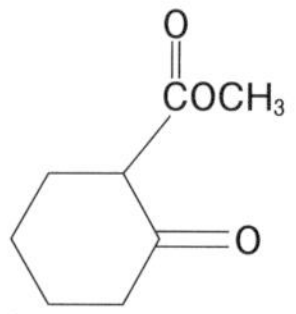
COCH3

3）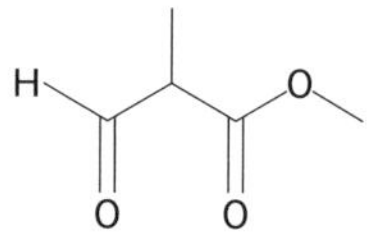

解　答

1）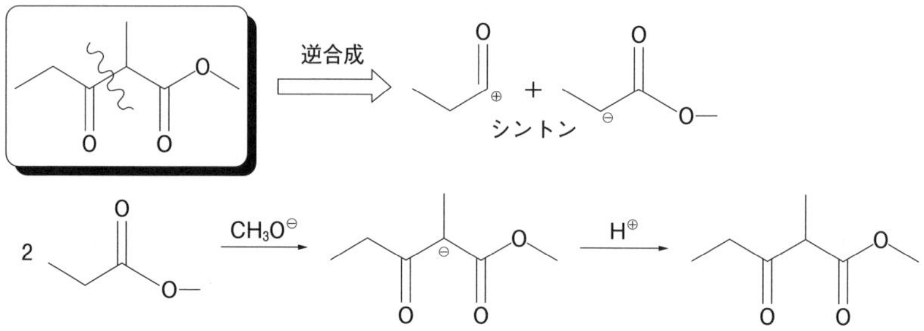
逆合成
シントン
CH3O⊖
H⊕

2）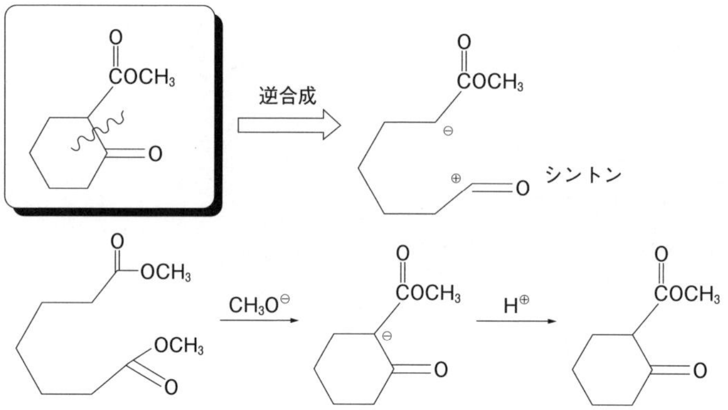
COCH3
逆合成
シントン
OCH3
CH3O⊖
H⊕

3）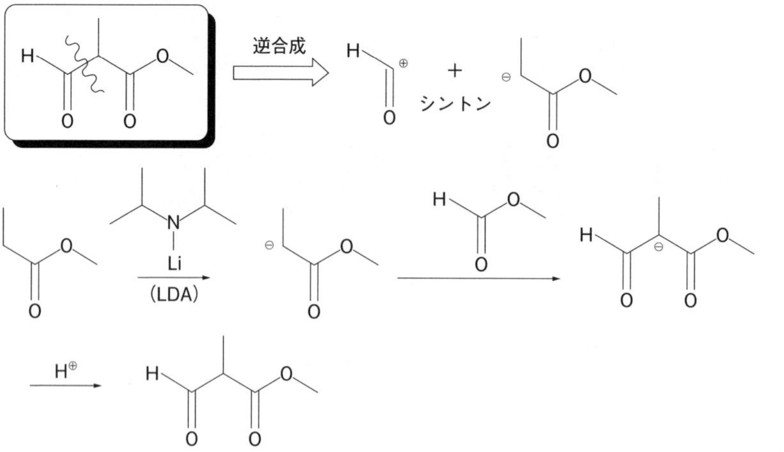
逆合成
シントン
Li
(LDA)
H⊕

＊ LDA は求核性の低い強塩基

13 アミンの化学

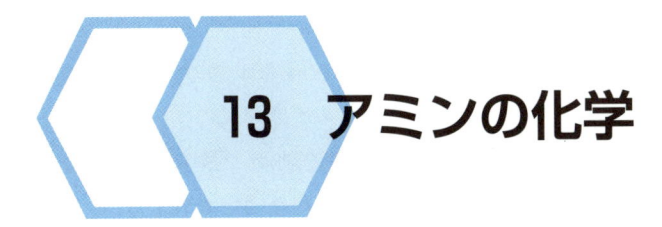

13.1 アミンの塩基性

CHECK POINT
- アミンはアンモニアの窒素原子がアルキル鎖などに置換した化合物である。
- アミンは窒素原子上の孤立電子対がプロトンと結合をつくるため塩基性を有する。
- 塩基性の強さは共役酸（対象とする塩基化合物のプロトン化体）の pK_a によって知ることができる。共役酸の pK_a が大きいほど，塩基性が高い。

例題13.1
メチルアミンとアニリンではどちらの方が塩基性が高いか答えなさい。また，その理由を詳しく説明しなさい。

解 答
アニリンの窒素原子上の孤立電子対が隣接するベンゼン環に共鳴するため，<u>メチルアミンの方が塩基性が高い</u>。

問 13.1
次の化合物中のアミノ基の内，どちらが塩基性が強いか答えなさい。また，その理由を述べなさい。

1) メチルアミンとジメチルアミン
2) 1-アミノ-2-プロパノンとプロパンアミド
3) シクロヘキシルアミンとアニリン
4) *p*-メチルアニリンと *p*-トリフルオロメチルアニリン

解 答

1) <u>ジメチルアミン</u>：塩基性度は，電子供与性基であるアルキル基の誘起効果に影響される。すなわち，アルキル基の数が多い方が塩基性度が高い。

2) <u>1-アミノ-2-プロパノン</u>：アミドの窒素原子の孤立電子対は，共鳴により非局在化しているためプロトンとの結合形成にあまり役に立たないため。

3) <u>シクロヘキシルアミン</u>：アニリンの窒素原子の孤立電子対は，共鳴により非局在化しているためプロトンとの結合形成にあまり役に立たないため。

4) <u>p-メチルアニリン</u>：塩基性度は，誘起効果に影響される。電子供与性基であるアルキル基では塩基性度が高くなり，電子求引性基であるトリフルオロメチルでは塩基性度が低くなる。

問 13.2

芳香族アミンであるピリジンとピロールでは，ピリジンは塩基性を示すが，ピロールは塩基性を示さない。その理由を詳しく説明しなさい。

解 答

ピリジンとピロールはいずれもヒュッケル則を満たし芳香族である。ピリジンの場合は，窒素原子上に孤立電子対があり塩基性を示す。しかし，ピロールの場合は，窒素原子上の孤立電子対が芳香族化に利用されているために塩基性を示さない。

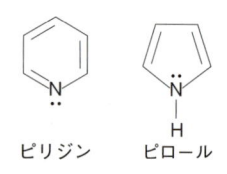

ピリジン　ピロール

問 13.3

ここにエステル，アミド，アミンの混合物が有機溶媒に溶けている試料がある。この混合物からアミンを分離する方法を説明しなさい（反応式でも表すこと）。

解 答

$$RNH_2 \xrightarrow{\text{dil. HCl}} R\overset{\oplus}{N}H_3 \overset{\ominus}{Cl} \xrightarrow{\overset{\ominus}{O}H} RNH_2$$

アミンは塩基性を示す。このことを利用して，抽出法で分離することができる。すなわち，有機溶媒に溶けているエステル，アミド，アミンの混合物へ希塩酸を加え，分液ロートで2層（有機層と水層）に分離する。この有機層にエステルとアミドが存在する。ここで得た水層に有機溶媒を加え，希水酸化ナトリウム水溶液でアルカリ性にし，有機層を取り出す。この有機層にアミンが存在する。

13.2 アミンのアルキル化反応

CHECK POINT
- アミンはハロゲン化メチルまたは第一級ハロゲン化アルキルと反応して容易にアルキル化される。
- アミンの級数が上がるほど，求核性が高まるので，目的の級数のアミンのみを得ることは難しい。
- アミンと大過剰のハロゲン化アルキルを反応させることによって，アンモニウム塩が得られる。

問 13.4

アンモニアを原料にして，次のアミンを合成するフロー式を示しなさい。
1) トリエチルアミン　　2) 塩化テトラ n-ブチルアンモニウム

解　答

1) $NH_3 + 3CH_3CH_2Br \longrightarrow (CH_3CH_2)_3N$

2) $NH_3 + 4CH_3CH_2CH_2CH_2Cl \longrightarrow (CH_3CH_2CH_2CH_2)_4\overset{\oplus}{N}\ \overset{\ominus}{Cl}$

（注意）　1）の実際の反応では，第一級アミン，第二級アミン，第三級アミン，および第四級アンモニウム塩の混合物になる。

13.3　他の官能基への変換

CHECK POINT
- 第一級アミンは，亜硝酸（HNO_2）と反応してジアゾニウム塩を与え，各種誘導体の中間体として有用である。
- アレーンジアゾニウム塩は，芳香環とジアゾカップリングし，アゾ化合物を与える。
- アレーンジアゾニウム塩のアゾ基は高い脱離能を有し，求核置換反応により種々の官能基に変換される。

問 13.5

アニリンからフェノールを合成したい。その変換をフロー式で示しなさい。

解 答

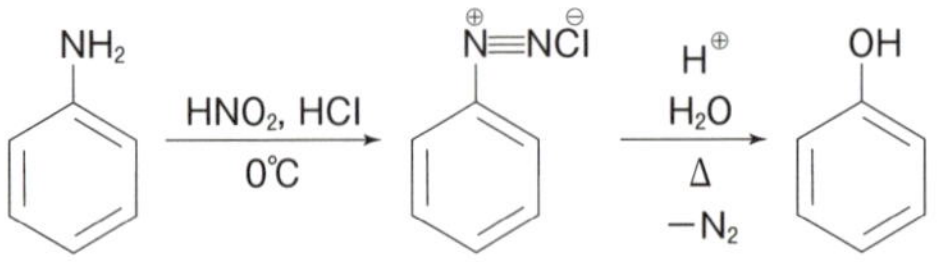

[反応スキーム: アニリン → (HNO₂, HCl, 0°C) → ベンゼンジアゾニウムクロリド → (H⁺, H₂O, Δ, −N₂) → フェノール]

13.4 アミンの合成反応

─CHECK POINT─
- 第一級アミンの合成法として Gabriel（ガブリエル）法がある。
- アミド化合物，ニトリル化合物，およびニトロ化合物の還元によってアミンを合成できる。

問 13.6

次の変換をフロー式で示しなさい。ただし，オルト体とパラ体は分離可能であるとする。

1) ベンゼンから 2,4-ジアミノトルエン
2) ベンゼンから m-ジブロモベンゼン
3) ニトロベンゼンから安息香酸
4) ブタナールから 2-ヒドロキシペンチルアミン
5) エチルアミンから N-エチルブチルアミン
6) ベンゼンから p-(ジメチルアミノ) アゾベンゼン

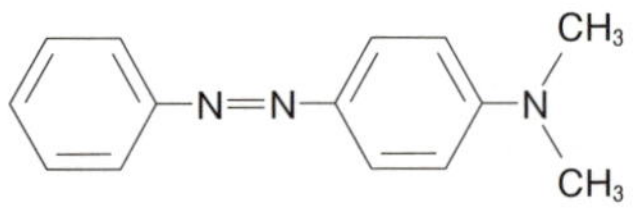

[構造式: C₆H₅-N=N-C₆H₄-N(CH₃)₂]

解 答

1) ベンゼン →(CH₃Cl, AlCl₃)→ トルエン →(HNO₃, H₂SO₄)→ 2,4-ジニトロトルエン →(Fe, HCl, Δ)→ ジアンモニウム塩 →(⁻OH)→ 2,4-ジアミノトルエン

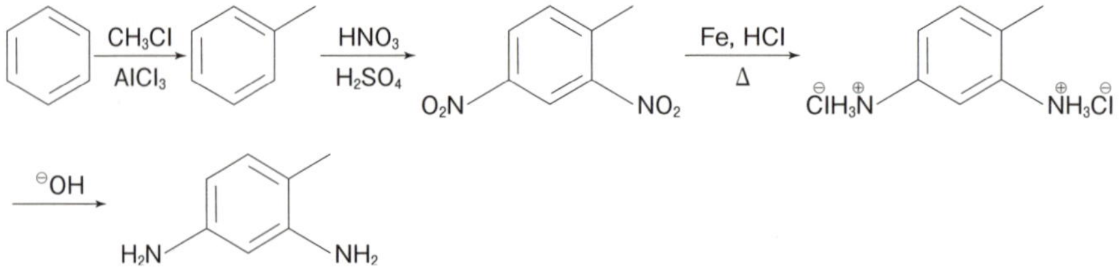

13章 アミンの化学

14 各種化合物の合成反応

14.1 アルケン

CHECK POINT
- アルキンへの付加反応，還元反応により合成される。
- 共役ポリエンへの付加反応，Diels-Alder 反応により合成される。
- 脱離基を有する飽和炭化水素の脱離反応により合成される（Zaitsev 則に留意）。
- ケトン，アルデヒドの Wittig 反応により合成される。

例題14.1

次の化合物を指定した化合物から合成するにはどういう試薬・条件を用いればよいかを考えなさい。

解 答

KOH：Cl は脱離基として働くので，HCl の脱離により二重結合が形成される。この場合，β 位のプロトン引き抜きが必要となるので塩基性条件下で反応が行われる。

問 14.1

次の化合物を指定した化合物から合成するにはどういう試薬・条件を用いればよいかを考えなさい。

1)

2)

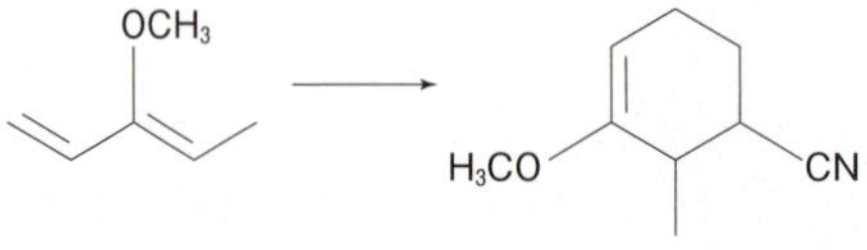

※分離操作により異性体から単離できるものとする。

3)

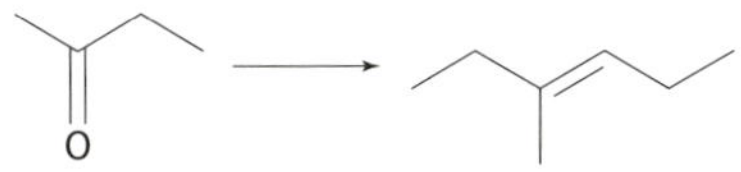

※分離操作により立体異性体を分離できるものとする。

4)

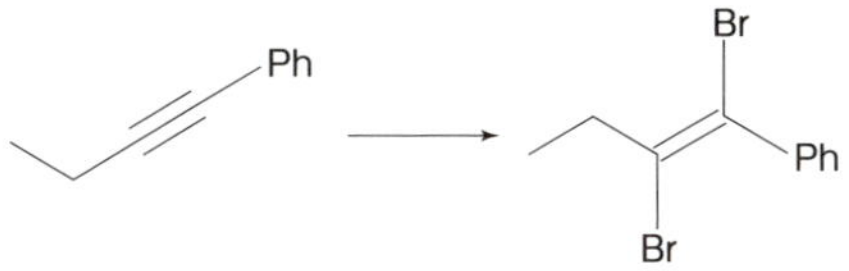

解　答

1) H_2SO_4：アルコールのヒドロキシ基を脱離基とした脱水により合成される。その際，ヒドロキシ基の脱離能高める必要がある。硫酸を用いるとヒドロキシ基がプロトン化され脱離能が高まる。これにより脱離が促進されることとなる。（別法）ヒドロキシ基の脱離能をあげるため CH_3SO_2Cl によりメシル化（スルホン化）する方法がある。メシル基の脱離には，アミンなどの塩基を用いる。

2) $CH_2=CHCN$：共役ジエンから環状アルケンの合成は Diels-Alder 反応が有効である。この反応を起こすためには，共役ジエンと反応させるアルケン（ジエノフィル）が必要となる。

3) $Ph_3PCH_2CH_2CH_3/BuLi$：ケトンからアルケンを合成する方法として有効なのは Wittig 反応である。したがって，対応するホスホニウム塩とイリドを生じさせるための塩基を用いる。

4) Br_2：アルキンからアルケンの合成は求電子付加反応が有効である。この場合は生成物の構造から臭素を試薬として用いることとなる。

問 14.2

次の化合物を指定した官能基を持つ化合物から合成する方法を示しなさい（原料，試薬を示すこと）。

1) アルコール化合物から合成

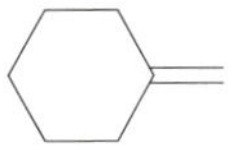

2) 共役ジエンから

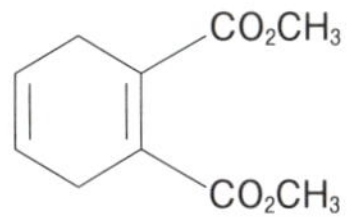

3) ハロゲン化物から（立体構造も加味すること）

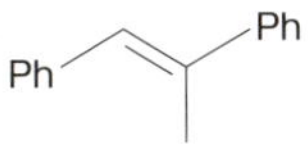

4) アルキン化物から（立体構造も加味すること）

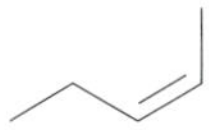

5) アルデヒドから　cis体, trans体は分離できるものとする

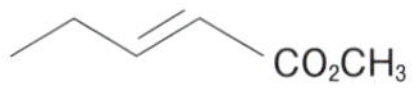

解 答

1) [cyclohexylmethanol] →(CH₃SO₂Cl, Et₃N)→ [methylenecyclohexane]

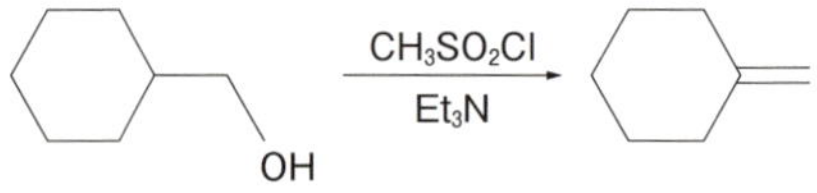

・Zaitsev則を考慮する必要があり，この他のアルコールは内部アルケンを与えるので不適となる。

2) [ブタジエン] + [アルキン(CO₂CH₃)₂] → [フタル酸ジメチルエステル類似体]　[ジエン遷移状態]

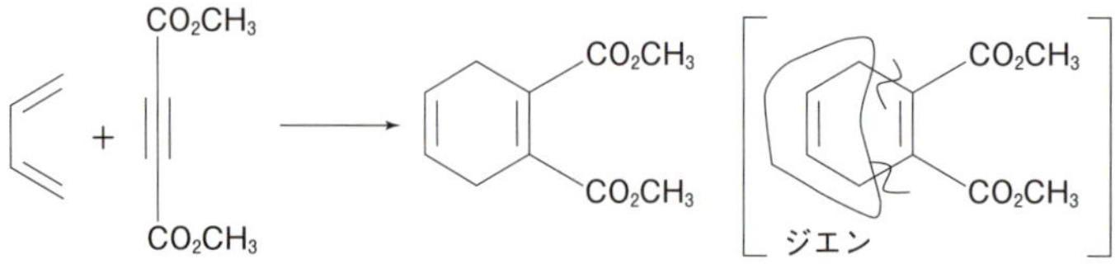

・Diels-Alder反応を用いる。
・この場合はジエンとアルキンとの反応となる

3)

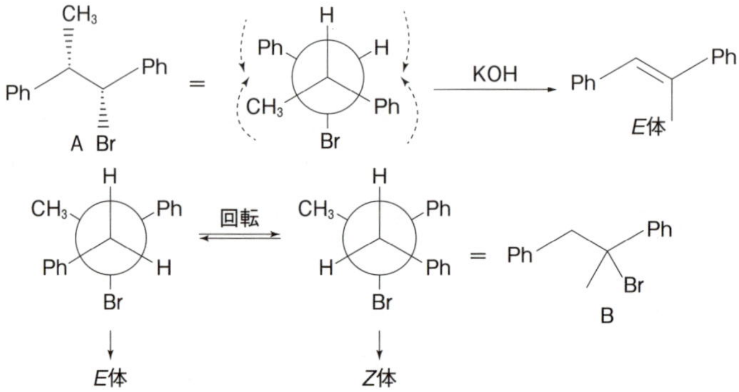

A, B の Newman 投影式と KOH による脱離で E体生成

・脱離反応によりアルケンを与えるには出発物質として上記A，Bの二種類が考えられる。
・E2脱離反応は，脱離基（Br）とβ位のプロトンの立体配置がanti periplanarの時に進行する。
⇒Bからは二種類の立体のアルケンを与えるが，Aからは目的とするE体のみを与える。

4) [1-ペンチン] →(H₂, Pd(リンドラー触媒))→ [cis-2-ペンテン]

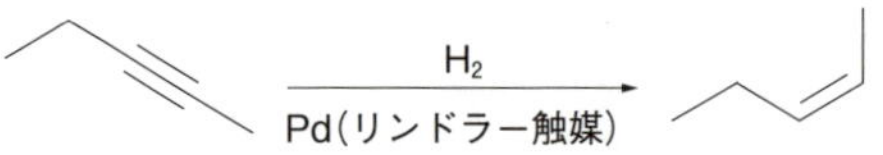

・アルキンの水素添加反応はcis-アルケンを与える。

5) [プロピオンアルデヒド]CHO + Ph₃P=CHCO₂CH₃ → [α,β-不飽和エステル]CO₂CH₃

アルデヒド由来　イリド由来

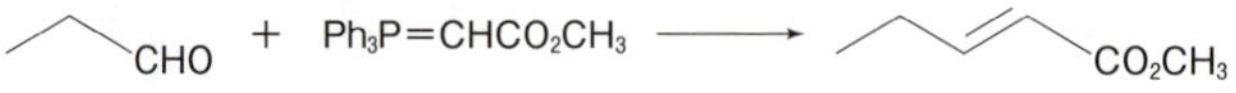

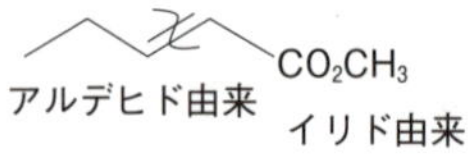

カルボニル化合物からアルケンの合成はWittig反応を用いるとよい。

14.2 アルキン

CHECK POINT

・アセチリドアニオンによる求核付加反応，求核置換反応により合成される。
・ハロゲン化アルケンからの脱離反応により合成される。

問 14.3

次の化合物を指定した化合物から合成するにはどういう試薬・条件を用いればよいかを考えなさい。

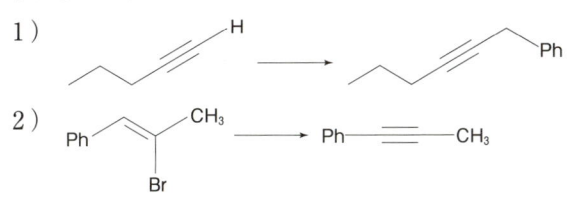

1)

2)

3)

解　答

1) ① BuLi ② PhCH$_2$Br：塩基によりアセチリドを発生，このアセチリドに対して目的物に対応したハロゲン化物をS$_N$2反応させることにより目的物を得ることができる。

2) t-BuOK，加熱：塩基による脱ハロゲン化アルキルにより三重結合を形成することができる。

3) ① BuLi ② CH$_3$CHO ③ H$^\oplus$：塩基によりアセチリドを発生，このアセチリドを求核剤として目的物に対応したアルデヒドと反応させ，ついでプロトン化することにより三重結合を含むアルコールを得ることができる。

問 14.4

次の化合物を指定した官能基を持つ化合物から合成する方法を示しなさい（原料，試薬を示すこと）。

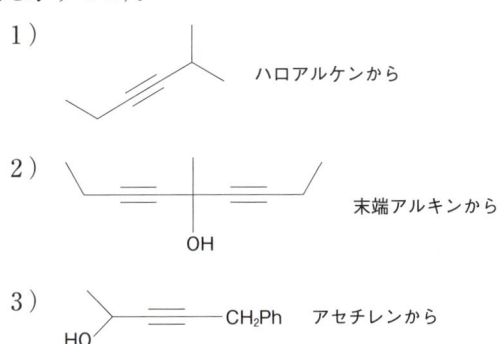

1) ハロアルケンから

2) 末端アルキンから

3) アセチレンから

4) 末端アルキンから

解　答

1)

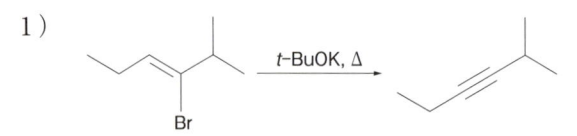

- アルケンからアルキンを生成するするには脱離反応を用いる。
- 脱離するハロゲンと引き抜かれるHはトランスに位置した方がよい。

2)

- 塩基によりアセチリドを生成。
- 左右対称アルコールなので、アセチリドが二分子反応し、アルコールを与える化合物を用いる
  ⇒ 目的物の骨格に対応したエステル

3)

- エチニルリチウムはエチレンジアミン錯体として市販されているのでそれを用いると便利である。
- 先にアセトアルデヒドと反応させるとアルコールとなり、ヒドロキシ基の中和のため1分子の塩基を消費することになるので、先に臭化ベンジルと反応させたほうがよい

4)

- 塩基によりアセチリドを生成。
- カルボキシル基の導入 ⇒ 二酸化炭素を反応させる。

14.3　芳　香　族

CHECK POINT

- Friedel-Crafts 反応では、ルイス酸触媒下でのカルボカチオンの安定性（第三級＞第二級＞第一級，メチル）が重要で、ヒドリドシフトなどの転位を経て反応が起こる。
- 直鎖アルキルベンゼンは、転位のないアシル化反応の後、Clemmensen（クレメンゼン）還元か Wolff-Kishner 反応により合成される。
- 電子供与性基は、オルト-パラ（o, p-）配向性、電子求引基は、メタ（m-）配向性を示す。ただし、ハロゲンは例外で、o, p-配向性である。そして、二置換ベンゼンの配向性は、ベンゼン環を活性化（相対的）する置換基の配向性に支配される。
- 芳香族求核置換反応は、ジアゾニウム塩を経て進む芳香族 S_N1 反応（アリールカチオン機構）、ベンザインを中間体として進むベンザイン反応などがある。

問 14.5

次の反応で得られる主生成物の構造を書きなさい。

1) ベンゼン + (CH$_3$)$_2$CHCH$_2$Br / FeBr$_3$, 0℃

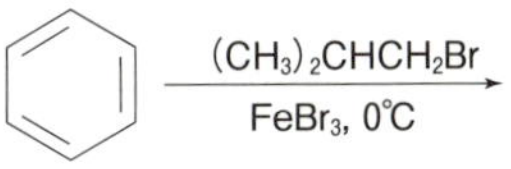

2) ベンゼン + CH$_3$CH=CH$_2$ / H$_3$PO$_4$

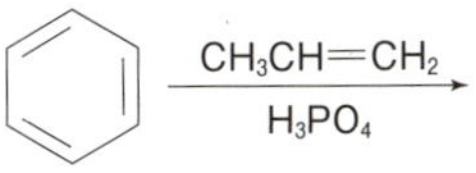

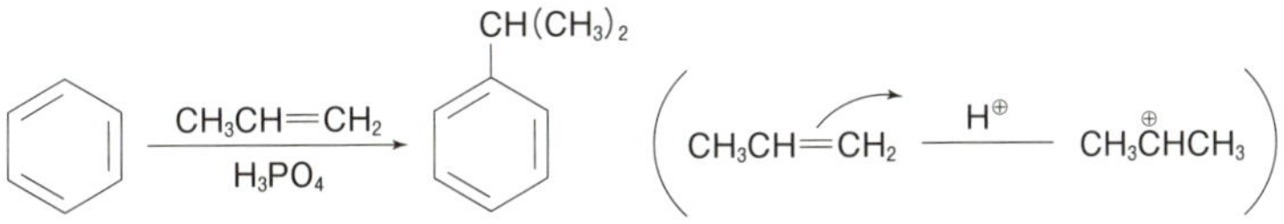

3) C$_6$H$_5$ONa + CO$_2$ (加圧, 加熱) → HCl

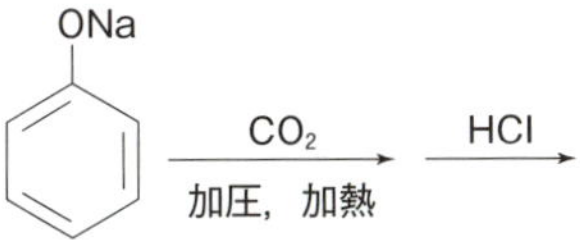

解 答

1) 生成物: C$_6$H$_5$-C(CH$_3$)$_3$ (tert-ブチルベンゼン)

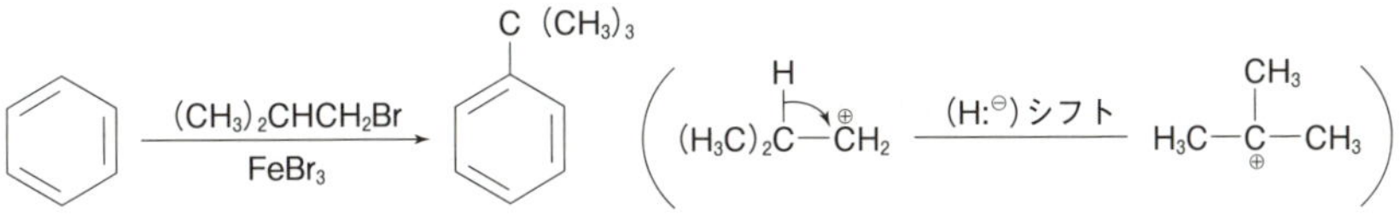

機構: (H$_3$C)$_2$C(H)-CH$_2^{\oplus}$ —(H:$^{\ominus}$)シフト→ H$_3$C-C$^{\oplus}$(CH$_3$)-CH$_3$

2) 生成物: C$_6$H$_5$-CH(CH$_3$)$_2$ (クメン)

機構: CH$_3$CH=CH$_2$ —H$^{\oplus}$→ CH$_3$C$^{\oplus}$HCH$_3$

3) C$_6$H$_5$ONa + CO$_2$ (加圧, 加熱) → [中間体] → 2-ヒドロキシ安息香酸ナトリウム (サリチル酸Na) → HCl → サリチル酸 (2-HO-C$_6$H$_4$-CO$_2$H)

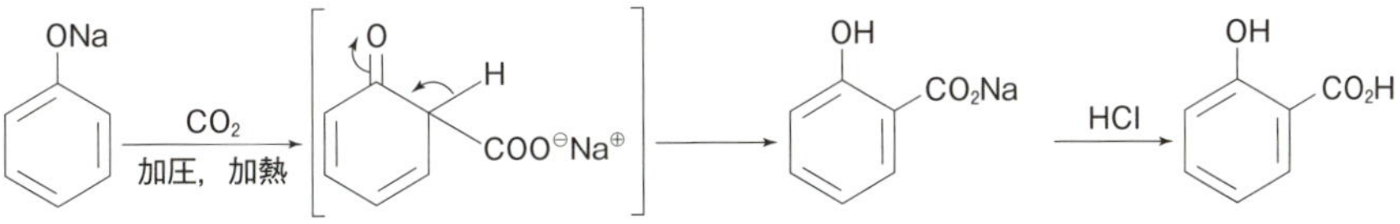

1), 2) はカルボカチオンの安定性に関連した問いである。3) はフェノキシドイオンの求電子置換反応の起こしやすさを利用したもので, CO_2 との反応でサリチル酸を生成する (Kolbe (コルベ) 反応)。

問 14.6

次の合成の反応条件を示しなさい。

1) ベンゼン → C$_6$H$_5$-CH$_2$CH$_2$CH$_2$CH$_3$

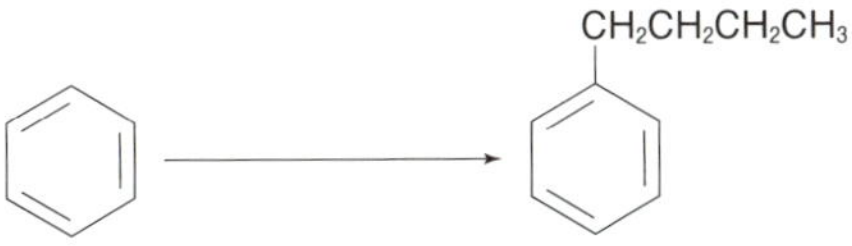

2) ベンゼン → C₆H₅CH₂CH(CH₃)₂

解答

1) ベンゼン $\xrightarrow[\text{AlCl}_3]{\text{C}_3\text{H}_7\text{COCl}}$ C₆H₅COCH₂CH₂CH₃ $\xrightarrow[\text{HCl}]{\text{Zn—Hg}}$ C₆H₅CH₂CH₂CH₃

2) ベンゼン $\xrightarrow[\text{AlCl}_3]{(\text{CH}_3)_2\text{CHCOCl}}$ C₆H₅COCH(CH₃)₂ $\xrightarrow[\text{KOH}]{\text{NH}_2\text{NH}_2}$ C₆H₅CH₂CH(CH₃)₂

直鎖のアルキルベンゼンを合成する方法は，アシル化の後に還元する。

問 14.7

次の化合物をモノニトロ化する時の配向性を矢印（→）で示しなさい。

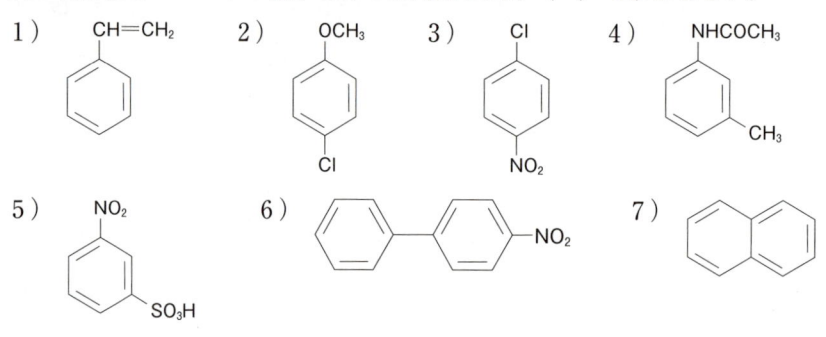

1) スチレン（CH=CH₂）
2) p-クロロアニソール（OCH₃, Cl）
3) p-クロロニトロベンゼン（Cl, NO₂）
4) m-メチルアセトアニリド（NHCOCH₃, CH₃）
5) 3-ニトロベンゼンスルホン酸（NO₂, SO₃H）
6) 4-ニトロビフェニル
7) ナフタレン

解答

1) o,p-位に配向
2) o,p-位（OCH₃基に対し）
3) o-位（Cl に対し、p は NO₂ で占有）
4) NHCOCH₃ の o,p-位
5) SO₃H に対する m-位（もう一方の環に相当）
6) 非置換環の o,p-位
7) α 位

1) の CH=CH₂ 基は電子供与性で o, p-配向，2) の 2 つの置換基のうち配向性を決定するのは OCH₃ 基（電子供与性）で，その o, p-配向性にしたがう。3) はいずれも電子求引基であるが，ハロゲンが例外な配向性を示すので，両者の配向性が一致して，

1カ所で置換が起こる。4)は活性化の強い NHCOCH₃ 基の配向性（*o*, *p*-）となる。ただ，2つの置換基に挟まれた位置は立体的に混み合うため反応しない。5)はいずれも電子求引基であるが，配向性は一致して1カ所だけ（*m*-位）に反応が起こる。6)は，ニトロベンゼン環を置換基として考え，ベンゼン環同士の共鳴が可能なので，*o*, *p*-配向性を示す。7) ナフタレンの共鳴構造式を書くと，α-置換体の方がβ-置換体より寄与の大きい芳香環をもつ構造の数が多いことから，ニトロ化置換反応はα位で起こる。しかし，スルホン化の場合は，置換後の立体効果が影響し，低温ではα位，高温ではβ位で置換反応が起こる。

問 14.8

ベンゼンあるいはトルエンを原料にして，次の化合物の合成方法を示しなさい（異性体は分離可能とする）。

1) C₆H₅-CH₂CH₂OH

2) 4-HO₂C-C₆H₄-OC₂H₅

3) 2-Br-4-NO₂-C₆H₃-CO₂H (HO₂C基、NO₂基、Br基の位置関係)

4) 4-Br-C₆H₄-CH₂Br

解　答

1) ベンゼン側鎖のハロゲン化は，ラジカル反応（試薬：NBS；*N*-ブロモスクシンイミド）を用いる。

$$\text{C}_6\text{H}_6 \xrightarrow[\text{AlCl}_3]{\text{CH}_3\text{CH}_2\text{Cl}} \text{C}_6\text{H}_5\text{-CH}_2\text{CH}_3 \xrightarrow[\text{BPO}]{\text{NBS}} \text{C}_6\text{H}_5\text{-CHCH}_3\text{(Br)}$$

$$\xrightarrow[\text{C}_2\text{H}_5\text{OH}]{\text{KOH}} \text{C}_6\text{H}_5\text{-CH=CH}_2 \xrightarrow[\text{2) H}_2\text{O}_2\text{, NaOH}]{\text{1) B}_2\text{H}_6} \text{C}_6\text{H}_5\text{-CH}_2\text{CH}_2\text{OH}$$

末端アルコールの合成は，ヒドロホウ素化反応を利用する。

2) C₂H₅O 基の導入には，ジアゾニウム塩の反応とハロゲン化アルキルの求核置換反応を利用する。

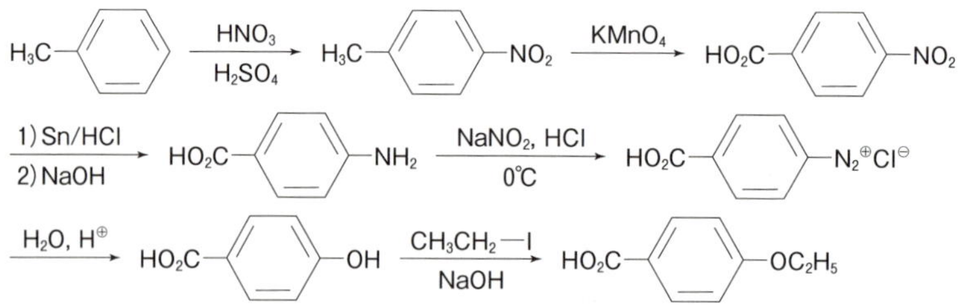

[反応スキーム: トルエン → HNO₃/H₂SO₄ → p-ニトロトルエン → KMnO₄ → p-ニトロ安息香酸 → 1)Sn/HCl 2)NaOH → p-アミノ安息香酸 → NaNO₂,HCl/0℃ → ジアゾニウム塩 → H₂O,H⁺ → p-ヒドロキシ安息香酸 → CH₃CH₂-I/NaOH → p-エトキシ安息香酸]

3) 置換基の組合せによる配向性を考えて反応を行う。

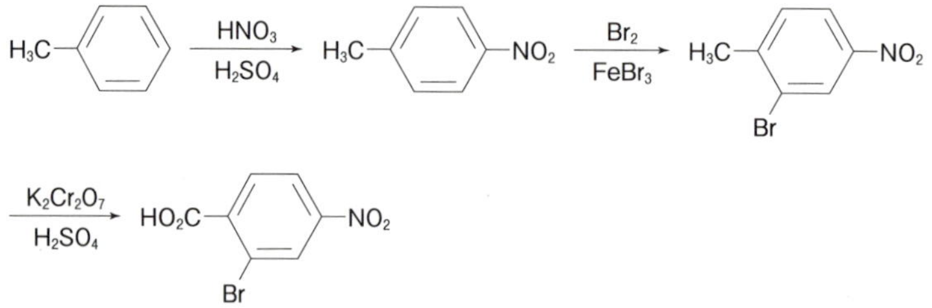

[反応スキーム: トルエン → HNO₃/H₂SO₄ → p-ニトロトルエン → Br₂/FeBr₃ → 3-ブロモ-4-メチルニトロベンゼン → K₂Cr₂O₇/H₂SO₄ → 3-ブロモ-4-カルボキシニトロベンゼン]

4) ベンゼン環のハロゲン化とベンゼン環側鎖のハロゲン化を区別して反応する。

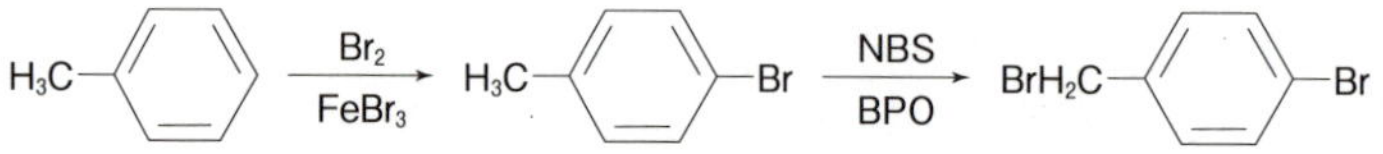

[反応スキーム: トルエン → Br₂/FeBr₃ → p-ブロモトルエン → NBS/BPO → p-ブロモベンジルブロミド]

例題14.2

ジアゾニウム塩は，芳香族第一級アミンに塩酸，硫酸などの無機酸と亜硝酸ナトリウムを低温で反応させると生成する。得られたジアゾニウム塩を次の化合物と反応させたとき得られる生成物の構造を書きなさい。

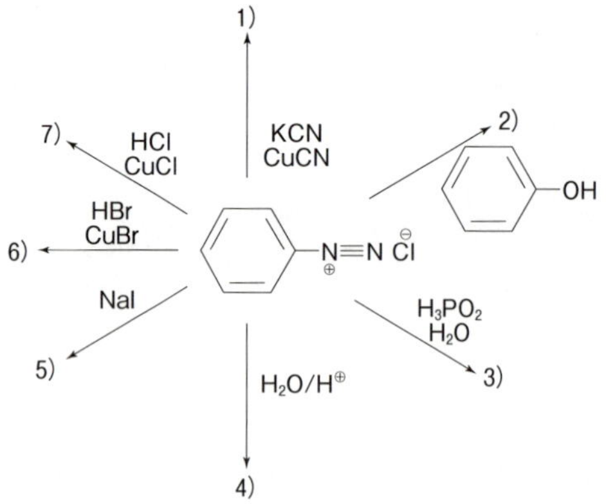

[反応図: 中心にベンゼンジアゾニウム塩 Ph-N⁺≡N Cl⁻ からの各種反応]
1) KCN, CuCN
2) ベンゼン環-OH (フェノール)
3) H₃PO₂, H₂O
4) H₂O/H⁺
5) NaI
6) HBr, CuBr
7) HCl, CuCl

解　答

1), 5), 6), 7) は Sandmeyer（サンドマイヤー）反応の代表例である。

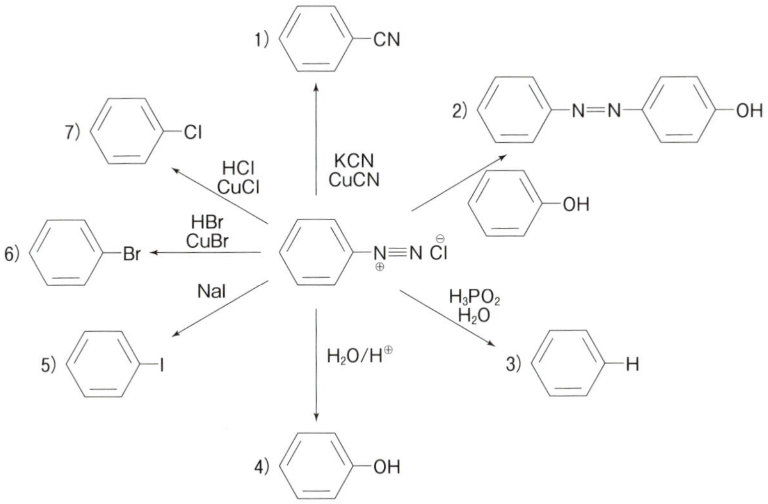

問 14.9

次の反応の合成方法を示しなさい（異性体は分離可能とする）。

1) ベンゼン ⟶ 4-ブロモフェノール (Br-C₆H₄-OH)

2) ベンゼン ⟶ 3-クロロフェノール (HO-C₆H₄-Cl)

3) アニリン (H₂N-C₆H₅) ⟶ 1,3,5-トリブロモベンゼン

4) H_3C-C₆H₄-Cl ⟶ H_3C-C₆H₄-OH (50%) + H_3C-C₆H₄-OH (50%)

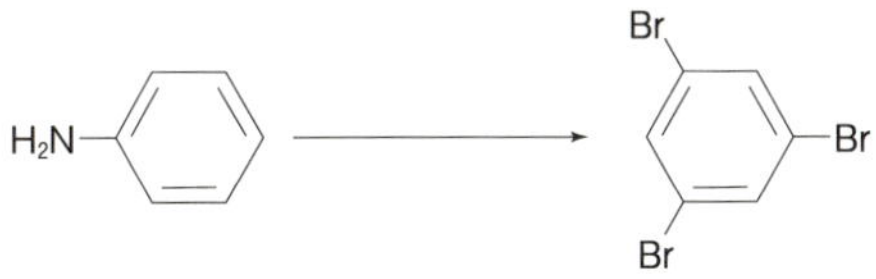

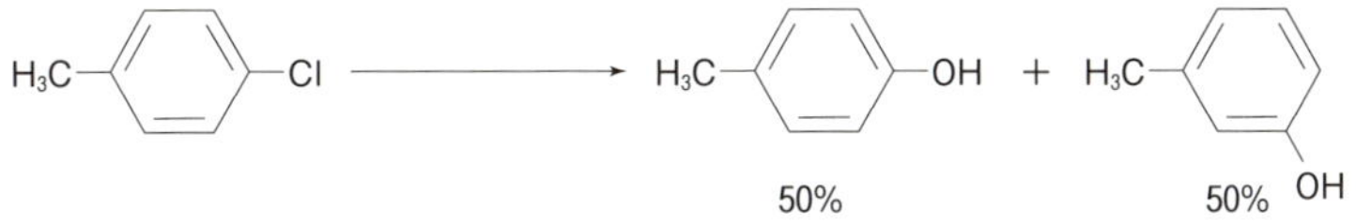

解 答

1) ジアゾニウム塩を経て OH 基の導入を行う。

$$\text{C}_6\text{H}_6 \xrightarrow[\text{FeBr}_3]{\text{Br}_2} \text{Br-C}_6\text{H}_5 \xrightarrow[\text{H}_2\text{SO}_4]{\text{HNO}_3} \text{Br-C}_6\text{H}_4\text{-NO}_2 \xrightarrow[\text{2) NaOH}]{\text{1) Sn/HCl}}$$

$$\text{Br-C}_6\text{H}_4\text{-NH}_2 \xrightarrow[\text{0℃}]{\text{NaNO}_2, \text{HCl}} \text{Br-C}_6\text{H}_4\text{-N}_2^{+}\text{Cl}^{-} \xrightarrow{\text{H}_2\text{O/H}^{+}} \text{Br-C}_6\text{H}_4\text{-OH}$$

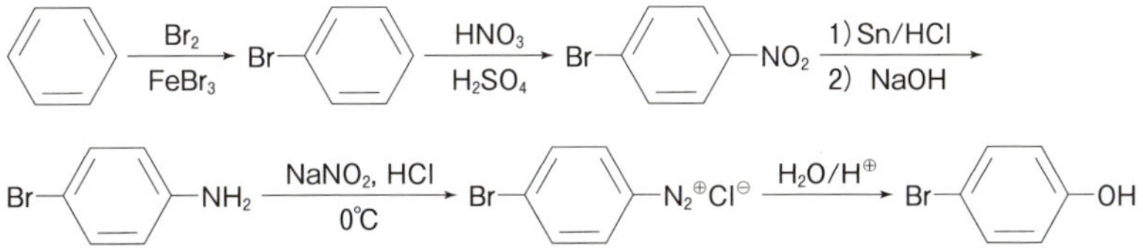

2) ジアゾニウム塩を経て OH 基の導入を行う。

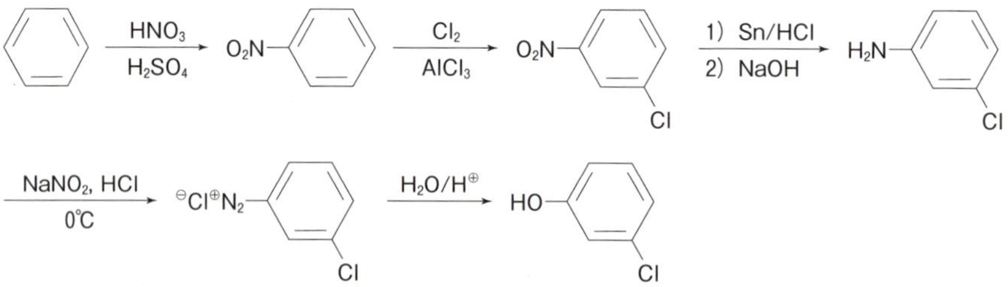

3) アニリンを直接ブロモ化するとトリブロモアニリンが得られる。

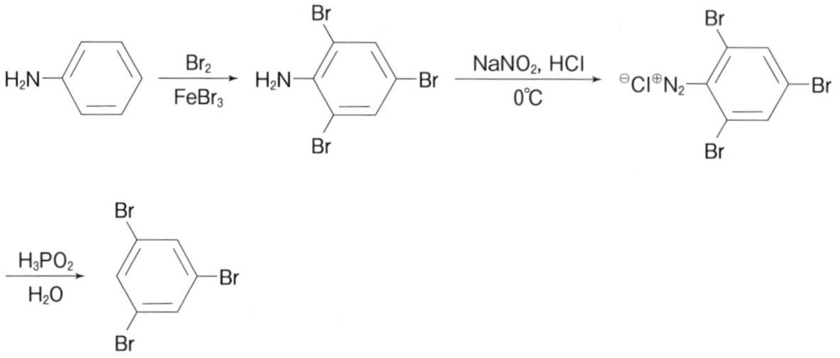

4) ベンザインを中間に経る反応経路である。

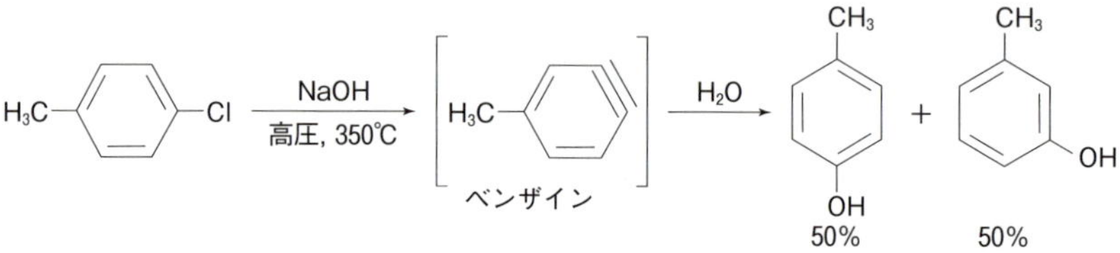

14.4 有機ハロゲン

─CHECK POINT─
- ヒドロキシ基とハロゲン化試薬との反応で合成される。
- アルケンへの求電子付加反応で合成される（Markovnikov 則，anti-Markovnikov 則）。
- アルキル基のハロゲン化により合成される（ラジカル反応）。
- 芳香族環のハロゲン化により合成される（Friedel-Crafts 反応，Sandmeyer（ザンドマイヤー）反応など）。
- アルデヒド，ケトンのα水素とハロゲンの反応で合成される（ハロホルム反応）。

例題14.3

アルコールを原料にしたハロゲン化アルキルの合成方法をいくつか反応式で示しなさ

い。

解　答

第三級アルコールはHBr，HIと室温でも反応してハロゲン化アルキルを生成する（S_N1反応）。一方，第一級アルコール，第二級アルコールとハロゲン化水素との反応性（S_N2反応）は低く，加熱が必要である。そのような場合は，反応性の高いハロゲン化試薬（$SOCl_2$, PBr_3, PCl_5）などが用いられる。

1)　R—OH ＋ HCl ⟶ R—Cl ＋ H_2O
2)　R—OH ＋ $SOCl_2$ ⟶ R—Cl ＋ SO_2 ＋ HCl
3)　3R—OH ＋ PBr_3 ⟶ 3R—Br ＋ H_3PO_3

$ZnCl_2$（ルイス酸）とHClの混合物はLucas（ルーカス）試薬と呼ばれ，アルコールの判別に利用できる。第三級アルコールはすぐに反応，第二級アルコールは数分で反応，第一級アルコールは徐々に反応（加熱が必要）。これは，反応機構が変わるためである。

問 14.10

アルコールを次のハロゲン化試薬と反応させた時の反応機構を示しなさい。

1)　(R)-1-フェニルエタノールにピリジン（塩基）存在下，$SOCl_2$を反応させる。
2)　エタノールとPBr_3を反応させる。
3)　エタノールとPCl_5を反応させる。

解　答

1)の反応は，問7.7の2)と異なり，塩基存在下ではS_N2反応となり生成物の立体配置は反転する。理由は，発生するHClが塩基の存在で$Cl^\ominus$となるためである。そして，2)および3)の反応は，いずれもハロゲンイオンのS_N2反応で進行する。

1)

(R)-1-phenylethanol　　　　　　　　　　　　　　　　　　　　(S)-(1-chloroethyl)benzene
　　　　　　　　　　　　　　＋ $C_6H_5\overset{\oplus}{N}H_3$ $Cl^\ominus$

2)　$3C_2H_5$—OH ＋ PBr_3 ⟶ $(C_2H_5O)_3P$ ＋ 3HBr

　　$(C_2H_5O)_3P$ ＋ $3Br^\ominus$ ⟶ $3C_2H_5$—Br ＋ $PO_3^{3\ominus}$
　　　　　　　　　　　　　　　　　　　　　　$\xrightarrow{3H^\oplus}$ H_3PO_3

3)　C_2H_5—OH ＋ PCl_5 ⟶ C_2H_5—$POCl_4$ ＋ HCl

　　$Cl^\ominus$ ＋ C_2H_5—$POCl_4$ $\xrightarrow{S_N2}$ C_2H_5—Cl ＋ $Cl_4PO^\ominus$
　　　　　　　　　　　　　　　　　　　　　　　　⟶ $POCl_3$ ＋ $Cl^\ominus$

問 14.11

次はアルケンを原料にしたハロゲン化合物の合成方法である。反応の主生成物の構造を書きなさい。

1) $(CH_3)_2C=CH(CH_3)$ + H—Br →

2) $H_2C=CH-C(=O)-OH$ + H—Cl →

3) $CF_3CH=CH_2$ + H—Cl →

4) $C_6H_5-CH=CH-C(=O)-OH$ + I—Cl →

5) $(CH_3)_3C-CH=CH_2$ + H—I →

6) 1-メチルシクロヘキセン + H—Br / ROOR →

解 答

1) $(CH_3)_2C=CH(CH_3)$ $\xrightarrow{H^{\oplus}}$ $[(CH_3)_2\overset{\oplus}{C}-CH_2-CH_3]$ $\xrightarrow{Br^{\ominus}}$ $(CH_3)_2C(Br)-CH_2-CH_3$

Markovnikov 則に従い，H 原子は水素原子の多い炭素に付加する（カルボカチオンの安定性にも注意）。

2) $H_2C=CH-COOH$ $\xrightarrow{H^{\oplus}}$

上ルート: $\overset{\oplus}{C}H_2-CH_2-C(=O^{\delta-})-OH$ （$\delta+$） $\xrightarrow{Cl^{\ominus}}$ $ClCH_2-CH_2-COOH$

下ルート: $CH_3-\overset{\oplus}{C}H-C(=O^{\delta-})-OH$ （$\delta+$） 反発

$H^{\oplus}$ が付加する位置は 2 カ所あるが，Markovnikov 則に従うと正電荷の反発があり不安定である。よって，より安定な上のルートで反応は進行する。

3) $CF_3CH=CH_2$ $\xrightarrow{H^{\oplus}}$ $CF_3CH_2-\overset{\oplus}{C}H_2$ $\xrightarrow{Cl^{\ominus}}$ $CF_3CH_2-CH_2-Cl$

CF_3 基は強い電子求引基であるので，anti-Markovnikov 付加となる。

4)

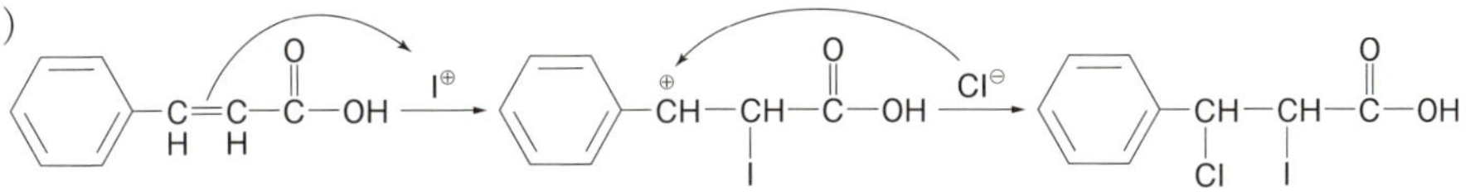

問2）と同様の理由およびベンジル位カチオンの共鳴安定効果も加味される。

5)

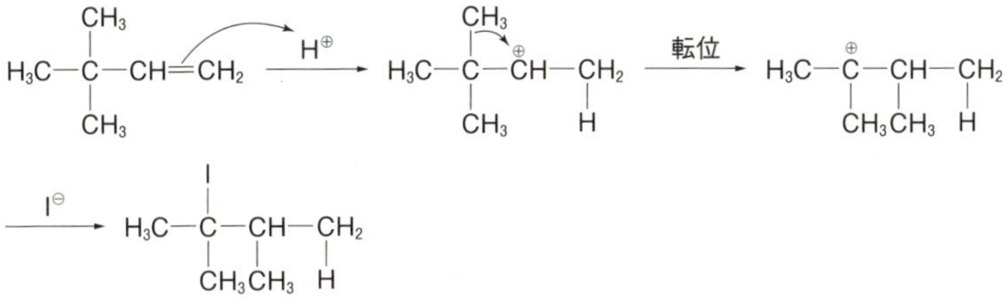

メチル基の転位により，安定な第三級カルボカチオンを経由して反応する。

6)

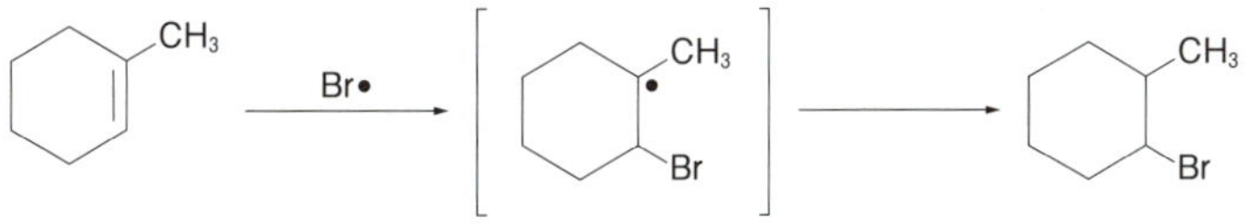

過酸化物の存在下では，ラジカル付加反応が起こり，安定な第三級炭素ラジカルを経由し，イオン付加とは逆の配向（anti-Markovnikov 付加）で反応が進行する。

問 14.12

次はアルキル基のラジカル置換反応である。各問に答えなさい。

1) 次のハロアルカン生成物を高収率で得るためには，どのようなハロゲン化が適当か説明しなさい。

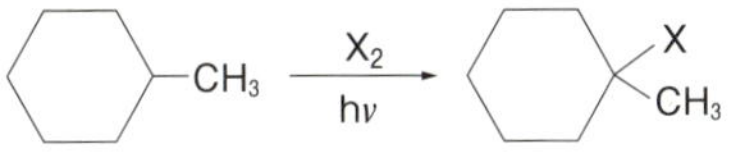

2) プロペンから3-ブロモ-1-プロペンを合成する方法を説明しなさい。

   $H_2C=CH-CH_3 \longrightarrow H_2C=CH-CH_2Br$

3) トルエンを原料に次の生成物を合成する方法を説明しなさい。

   ① ベンジルアルコール
   ② 2-フェニルアセトニトリル
   ③ ベンズアルデヒド
   ④ 安息香酸

解 答

1) 紫外線照射下ハロゲンと反応と反応させると，級数の高い炭素ほどC-H結合

のホモ開裂が起こりやすい。また，塩素ラジカルは臭素ラジカルより反応性は高いが，選択性は低い。よって，目的物は，第三級ハロゲン化アルキルなので，選択性の高い臭素ラジカルを用いた方が目的物の収率は高くなる（塩素ラジカルを用いた場合，第一級や第二級ハロゲン化アルキルも副生すると考えられる）。

2) プロペンはアリル基を含み，アリル位のラジカル臭素置換を行う場合は N-ブロモスクシンイミド（NBS）をラジカル開始剤と一緒に用いる。理由は，臭素を試剤とすると二重結合への付加反応が同時に進行するからである。

$$H_2C=CH-CH_3 \xrightarrow[BPO]{NBS} H_2C=CH-CH_2Br$$

3) トルエンは光誘起のラジカル塩素化反応で，塩化ベンジル，塩化ベンザル，ベンゾトリクロリドを生成する。ラジカルの安定性は，ベンジルラジカル＞アリルラジカル＞第三級＞第二級＞第一級，メチルの順序である。

PhCH$_3$ $\xrightarrow[h\nu]{Cl_2}$ PhCH$_2$Cl $\xrightarrow[h\nu]{Cl_2}$ PhCHCl$_2$ $\xrightarrow[h\nu]{Cl_2}$ PhCCl$_3$
　　　　　　　塩化ベンジル　　　　　　塩化ベンザル　　　　　　ベンゾトリクロリド

① PhCH$_2$Cl $\xrightarrow{NaOH}$ PhCH$_2$OH

② PhCH$_2$Cl $\xrightarrow{KCN}$ PhCH$_2$CN

③ PhCHCl$_2$ $\xrightarrow[100℃]{H_2O}$ PhCHO

④ PhCCl$_3$ $\xrightarrow[100℃]{2H_2O}$ PhCO$_2$H

問 14.13

ベンゼンを原料にして次の化合物を合成する方法を示しなさい。

1) p-ブロモクロロベンゼン
2) m-ブロモクロロベンゼン

解 答

1) 芳香族求電子置換反応による直接ハロゲン化を用いる。

C$_6$H$_6$ $\xrightarrow[FeBr_3]{Br_2}$ Br-C$_6$H$_5$ $\xrightarrow[AlCl_3]{Cl_2}$ Br-C$_6$H$_4$-Cl

2) ジハロベンゼンの o, p-体は直接ハロゲン化で得られるが，m-体はジアゾニウム塩を利用した Sandmeyer 反応を使用しないと得られない。

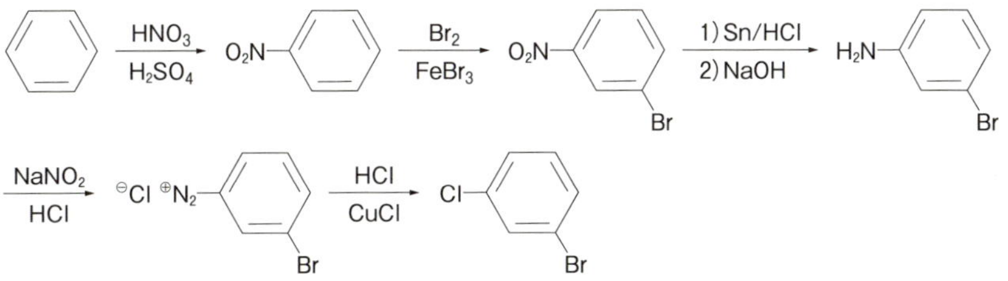

＊上記1)，2)において，ブロモ化とクロロ化の順序は逆になっても可能。

問 14.14

次の反応の合成条件を反応機構を用いて説明しなさい。

1)

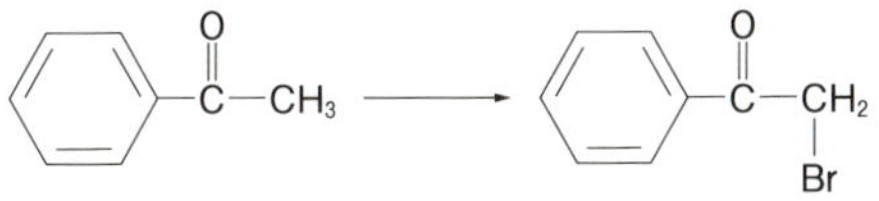

2)

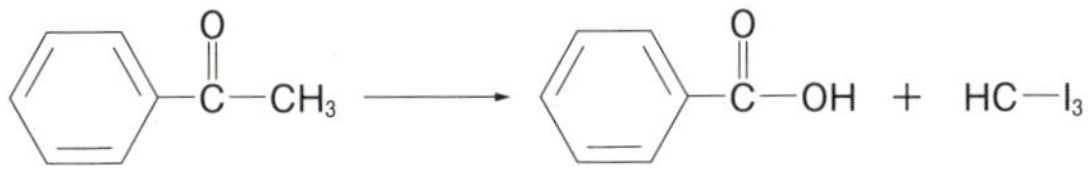

解　答

1) カルボニル化合物のα位のハロゲン化は，酸あるいは塩基のいずれでも促進され，α位にハロゲンが導入される。下図は酸触媒存在下，エノール経由の反応機構である。

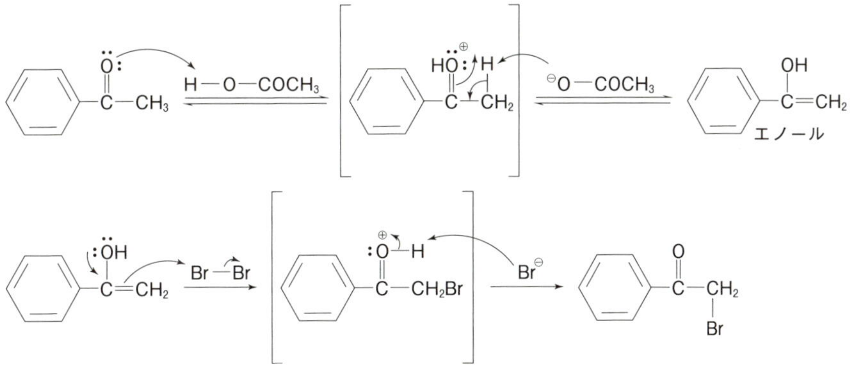

2) 塩基存在下，エノラートイオン経由の反応機構である。メチルケトン類では，ヨウ素が置換されると，ヨウ素の電子求引性のために水素の酸性度が上がり，元のメチルケトンよりもプロトンとして抜けやすくなりモノハロゲン化で反応を止めることは困難で，一挙にトリハロゲン化まで進行する（ハロホルム反応：ヨードホルム反応）。

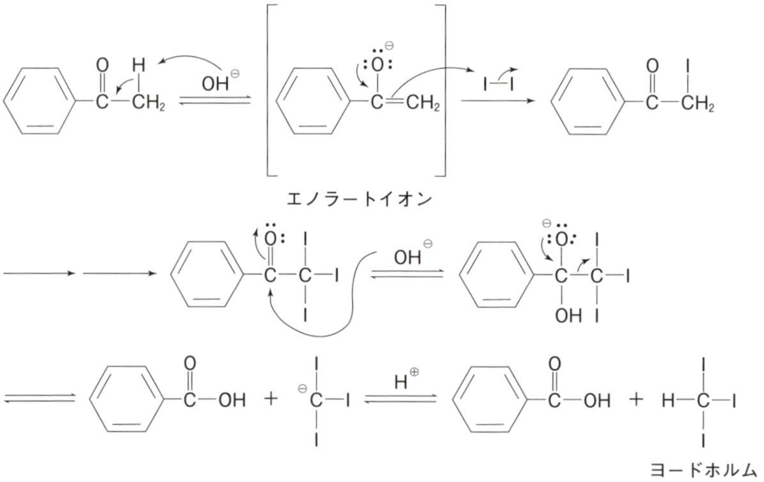
OH⊖
I—I
エノラートイオン
OH⊖
H⊕
ヨードホルム

14.5 アルコール

CHECK POINT

・ハロゲンなど脱離基をもつ化合物の加水分解（求核置換）反応によって合成される。
・アルデヒドやケトンとヒドリド試薬の反応によって合成される。
・エーテルの加水分解によって合成される。
・求核剤によるオキサシクロプロパンの開環反応によって合成される。
・アルケンのヒドロホウ素化によって合成される。

例題14.4

次の反応を行うためには，どのような試薬を用いればよいかを考えなさい。

1）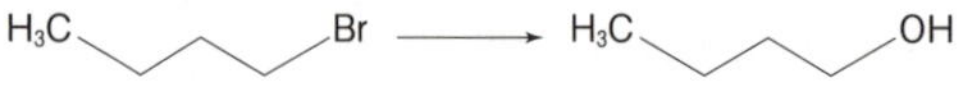

2）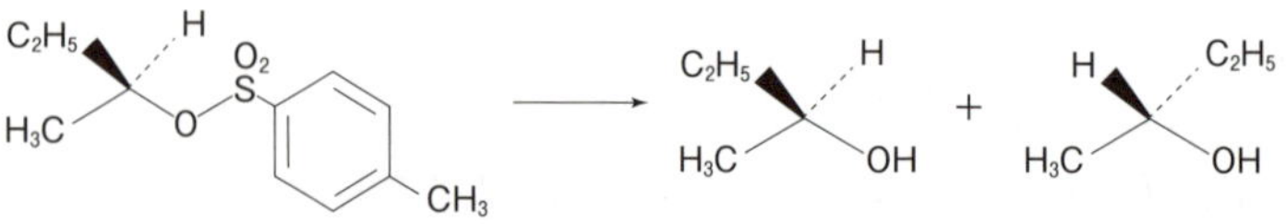

3）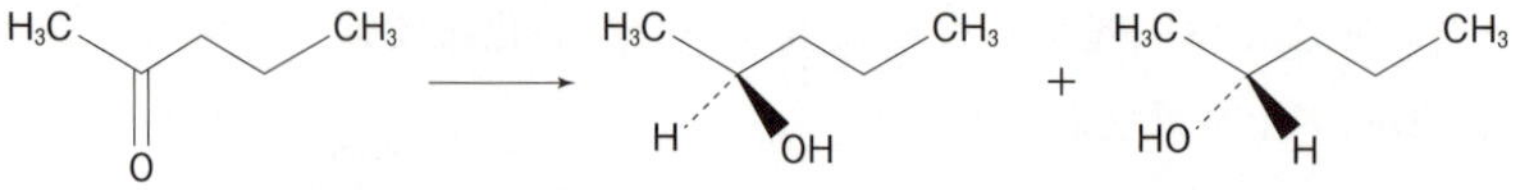

4) [構造式: 酢酸エチル → エタノール (H$_3$C-CH(H)-OH)]

5) [構造式: 酢酸エチル → 3-メチル-3-ペンタノール (H$_3$C-C(C$_2$H$_5$)(C$_2$H$_5$)-OH)]

解 答

1) 水酸化物イオンを求核剤とする S_N2 反応を行えばよい。求核攻撃を高めるためには，ヘキサメチルリン酸トリアミド（HMPA）などの高極性溶媒を用いる。実際には，原料のアルキルハロゲン化物をアルコールから合成することの方が多く，この反応自体の有用性は低いと言える。

$$H_3C\text{-}CH_2CH_2CH_2\text{-}Br \xrightarrow[\text{HMPA}]{\text{aq. NaOH}} H_3C\text{-}CH_2CH_2CH_2\text{-}OH$$

2) p-トルエンスルホン酸アニオンは，優れた脱離能を示す。高極性溶媒中で加水分解することにより，S_N1 と S_N2 反応が競争して進行し，ある程度ラセミ化したアルコールが得られる。

[反応式: トシレート $\xrightarrow[\text{HMPA}]{\text{H}_2\text{O}}$ S体アルコール + R体アルコール]

3) ケトンと水素化ホウ素ナトリウム（NaBH$_4$）を反応させると，ヒドリドがカルボニル炭素を求核攻撃し，酸で反応を停止することでアルコールが生成する。原料に用いているケトンは，平面構造かつ非対称であるので，上面および下面からの攻撃が等しく起こり，ラセミアルコールが得られる。

[反応式: 2-ペンタノン $\xrightarrow[\text{CH}_3\text{CH}_2\text{OH}]{\text{NaBH}_4}$ 2-ペンタノール (両エナンチオマー)]

4) エステルは，アルデヒドやケトンよりもカルボニル炭素の電子密度が高く，NaBH$_4$ のような弱い還元剤では反応しないので，水素化リチウムアルミニウム（LiAlH$_4$）を用いる。ヒドリドの活性が高いので，ジエチルエーテルのような非プロトン性溶媒中で反応を行う必要がある。

[反応式: 酢酸エチル $\xrightarrow[\text{C}_2\text{H}_5\text{OC}_2\text{H}_5]{\text{LiAlH}_4}$ エタノール]

5) 第三級アルコールを得るには，エステルと Grignard 試薬の反応を利用する。

最初，等量の Grignard 試薬によりエチルメチルケトンが生成し，このカルボニル炭素に再度 Grignard 試薬が求核攻撃することで目的物が得られる。

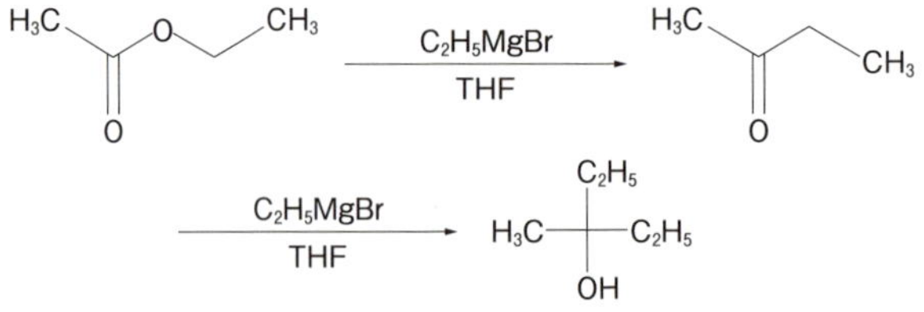

問 14.15

次の反応を行うためには，どのような試薬を用いればよいかを考えなさい。

1)

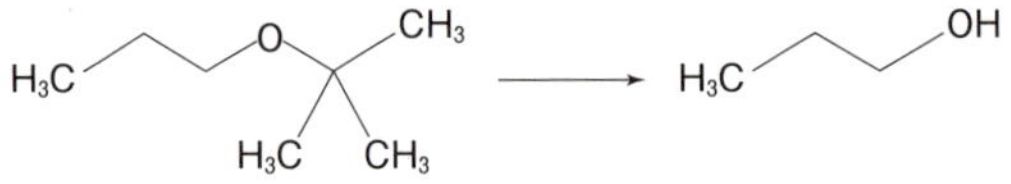

2)

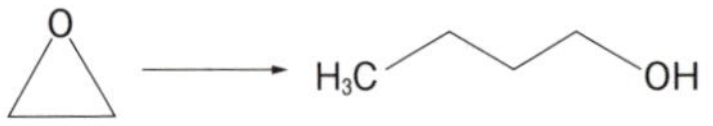

3)

4)

解 答

1) エーテル酸素がプロトン化され，tert-ブチルカチオンが外れることでアルコールが生成する。この第三級カチオンは，求核攻撃する試薬が系中にないので，脱プロトン化を起こし，2-メチルプロペンになる。

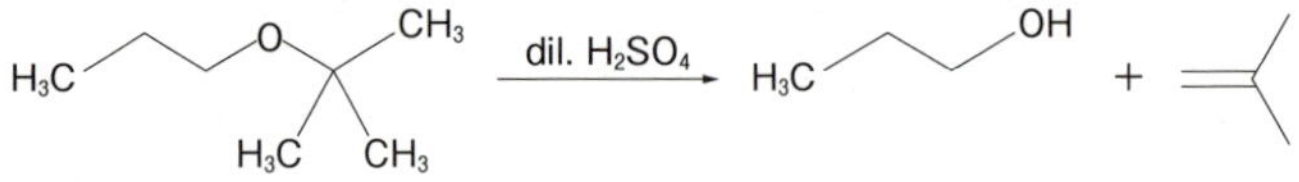

2) オキサシクロプロパンは，Grignard 試薬の求核攻撃を受けて開環反応を起こす。

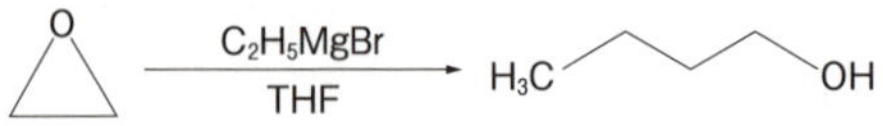

3) アルケンの末端炭素にプロトンが付加し（Markovnikov 則），第三級カルボカチオンが生成する。これを水が求核攻撃し，脱プロトン化を経て2-メチル-2-ペンタノールが得られる。

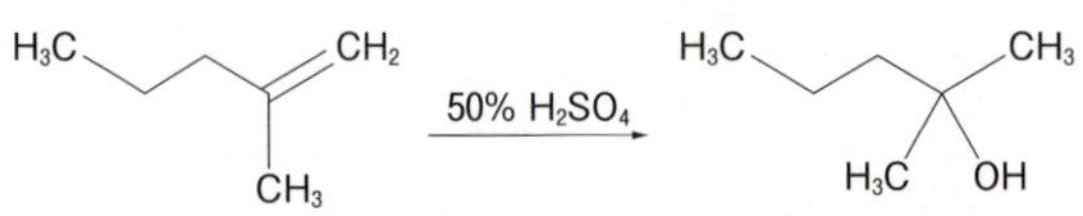

4) anti-Markovnikov 則に従って，アルケンのヒドロホウ素化を行う。得られるトリアルキルボランを塩基性条件下，過酸化水素で処理すれば，第一級アルコールが得られる。

$$H_3C-CH=CH_2 \xrightarrow[THF]{BH_3} (H_3C\text{〜〜〜})_3B \xrightarrow{H_2O_2, aq. NaOH} H_3C\text{〜〜〜}OH$$

14.6 エーテル

CHECK POINT
- アルコキシドとハロゲン化アルキルの S_N2 反応で合成される（Williamson エーテル合成）。
- アルコールと無機酸を加熱することによって合成される。

問 14.16

次の反応を行うためには，どのような試薬を用いればよいかを考えなさい。

1) $H_3C\text{〜}OH + H_3C\text{〜}Br \longrightarrow H_3C\text{〜}O\text{〜}CH_3$

2) (分子内環化によりテトラヒドロピラン誘導体を与える反応)

3) $H_3C\text{〜}OH \longrightarrow H_3C\text{〜}O\text{〜}CH_3$

解 答

1) 1-プロパノールを水素化ナトリウム（NaH）でアルコキシドとし，ここに1-ブロモプロパンを加えることで，目的とするエーテルが合成できる。

$$H_3C\text{〜}OH \xrightarrow[THF]{NaH} H_3C\text{〜}O^{\ominus} \xrightarrow{H_3C\text{〜}Br} H_3C\text{〜}O\text{〜}CH_3$$

2) 原料のブロモアルコールに NaH を加えてアルコキシドを発生させる。これはすぐに分子内で求核置換（S_N2）反応を起こし，テトラヒドロピラン誘導体を与える。

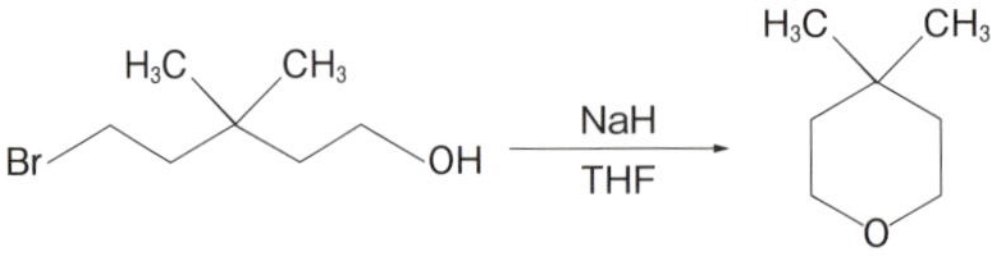
H3C
CH3
Br
OH
NaH
THF
H3C
CH3
O

3） 1-プロパノールを濃硫酸と加熱すると，ヒドロキシ基の酸素がプロトン化され，別のアルコールが求核攻撃を起こすと，目的のエーテル化合物が得られる。ただし，あまり高温にすると，水の脱離によるアルケンの生成反応が併発してしまうので，高収率で合成することは難しい。

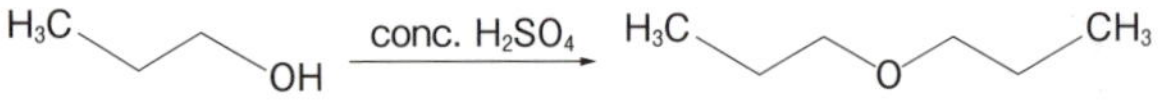
H3C
OH
conc. H2SO4
H3C
O
CH3

14.7 アルデヒドおよびケトン

CHECK POINT

- 第一級アルコールの酸化によってアルデヒドが，第二級アルコールの酸化によってケトンが合成される（前者の場合は，過剰酸化を防ぐ工夫が必要である）。
- 炭素-炭素二重結合をオゾン分解することで合成される。
- 炭素-炭素三重結合の水和やヒドロホウ素化によって，それぞれケトンやアルデヒドが合成される。
- Friedel-Crafts アシル化によってケトンが合成される。

問 14.17

次の反応を行うためには，どのような試薬を用いればよいかを考えなさい。

1）

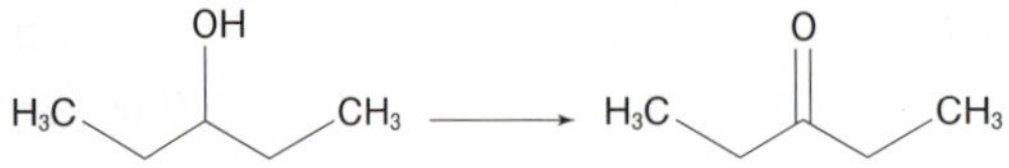
OH
H3C
CH3
O
H3C
CH3

2）

H3C
OH
H3C
CHO

3）

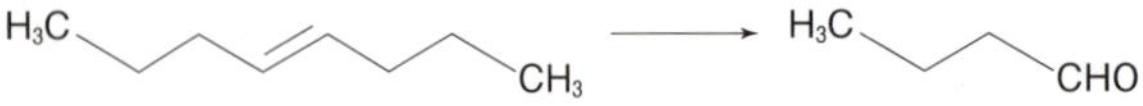
H3C
CH3
H3C
CHO

4）

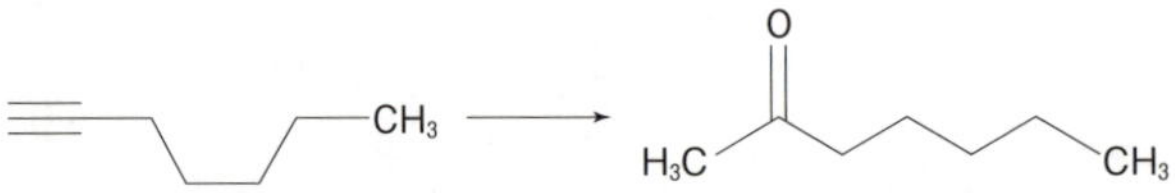
CH3
O
H3C
CH3

5）

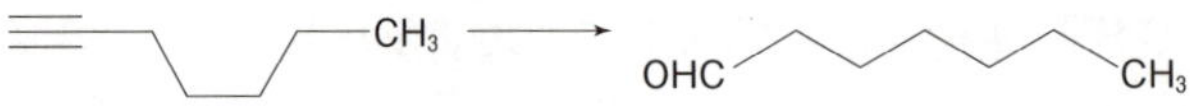
CH3
OHC
CH3

6) [ベンゼン] → [プロピオフェノン(C₆H₅-CO-C₂H₅)]

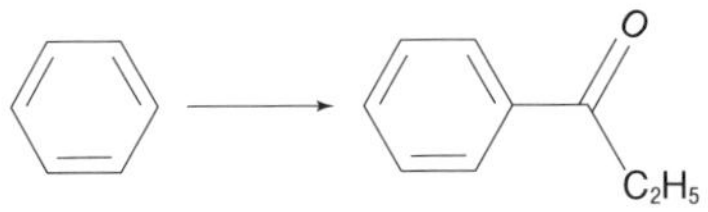

解　答

1) 無水クロム酸（CrO_3）の硫酸酸性溶液（Jones（ジョーンズ）試薬）によって，第2級アルコールからケトンが合成できる。6価クロムには毒性があるので，取り扱いや廃棄には十分気をつける必要がある。

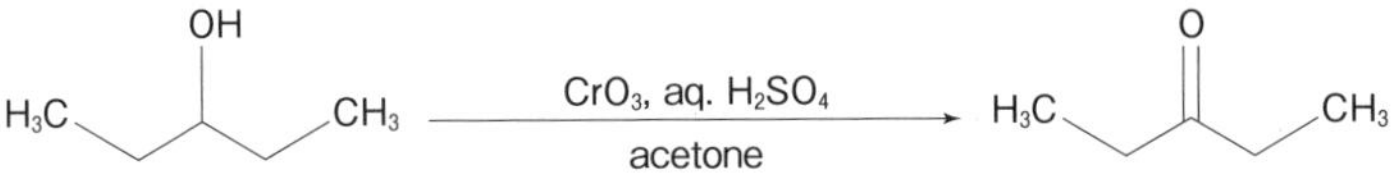

$$H_3C-CH(OH)-CH_2-CH_3 \xrightarrow[\text{acetone}]{CrO_3, \text{ aq. }H_2SO_4} H_3C-CO-CH_2-CH_3$$

2) 第一級アルコールの酸化では，強い試薬を用いるとカルボン酸にまで酸化されてしまう。しかし，水が存在しないと過剰酸化は防げるので，クロロクロム酸ピリジニウムを用いて反応させる（PCC酸化）。これは無水クロム酸（CrO_3）とHClを反応させ，次にピリジンを加えて調製される。

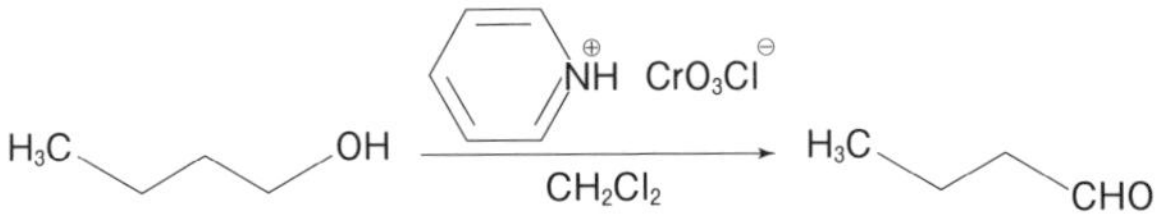

$$H_3C-CH_2-CH_2-OH \xrightarrow[CH_2Cl_2]{C_5H_5NH^+ CrO_3Cl^-} H_3C-CH_2-CHO$$

3) アルケンにオゾンを作用させるとモルオゾニドを経てオゾニドが生成する。これを酢酸中，亜鉛で還元すると，炭素-炭素二重結合のところで開裂した2つのカルボニル化合物が得られる。非対称なアルケンを原料にすると，2種類の異なる生成物になる。

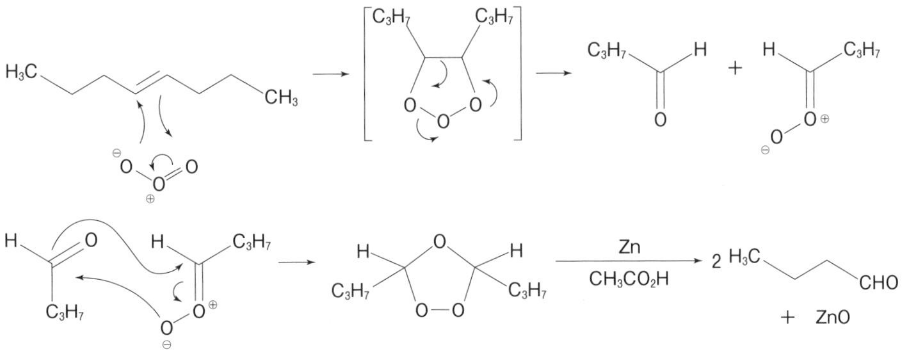

4) 硫酸水銀を触媒として，アルキンの水和反応を行うと，Markovnikov則に従った生成物が得られる。しかし，生成するのはエノールなので，互変異性化を経てケトンを与える。

$$\text{HC}{\equiv}\text{C-CH}_2\text{CH}_2\text{CH}_2\text{CH}_3 \xrightarrow{\text{H}_2\text{SO}_4,\ \text{H}_2\text{O},\ \text{HgSO}_4} \text{CH}_2{=}\text{C(OH)-CH}_2\text{CH}_2\text{CH}_2\text{CH}_3$$

$$\longrightarrow \text{CH}_3\text{-CO-CH}_2\text{CH}_2\text{CH}_2\text{CH}_3$$

5) 末端アルキンにジシクロヘキシルボランなどのかさ高い試薬を用いると，anti-Markovnikov則で付加し，かつアルケニルボランで反応が停止する。次に，塩基条件下で過酸化水素で酸化するとエノールに変換され，これが互変異性化を経てアルデヒドを与える。

$$\text{HC}{\equiv}\text{C-CH}_2\text{CH}_2\text{CH}_2\text{CH}_3 \xrightarrow{(\text{Cy})_2\text{BH, THF}} (\text{Cy})_2\text{B-CH=CH-CH}_2\text{CH}_2\text{CH}_2\text{CH}_3$$

$$\xrightarrow{\text{H}_2\text{O}_2,\ {}^{\ominus}\text{OH}} \text{HO-CH=CH-CH}_2\text{CH}_2\text{CH}_2\text{CH}_3 \longrightarrow \text{OHC-CH}_2\text{CH}_2\text{CH}_2\text{CH}_2\text{CH}_3$$

6) 塩化アルミニウムをルイス酸として用い，塩化プロパノイルを反応させると，ベンゼンからエチルフェニルケトンが得られる。塩化アルミニウムは，生成物にも配位するので，塩化プロパノイルに対して等量用いる必要がある。

$$\text{C}_6\text{H}_6 \xrightarrow{\text{C}_2\text{H}_5\text{COCl, AlCl}_3} \xrightarrow{\text{H}_2\text{O}} \text{C}_6\text{H}_5\text{-CO-C}_2\text{H}_5$$

14.8　カルボン酸

> **CHECK POINT**
> ・第一級アルコールの酸化により合成される。
> ・カルボン酸誘導体の加水分解反応により合成される。
> ・カルボアニオンと二酸化炭素との反応により合成される。

問 14.18

次の化合物を指定した化合物から合成するにはどういう試薬・条件を用いればよいかを考えなさい。

1) ベンジルアルコールから安息香酸
2) 塩化ベンゾイルから安息香酸
3) クロロベンゼンから安息香酸

解　答

1） CrO₃ – H₂SO₄（Jones酸化）：第一級アルコールをカルボン酸に酸化する試薬
2） H₂O：酸塩化物の加水分解
3） (1) Mg　(2) CO₂　(3) H₃O⊕

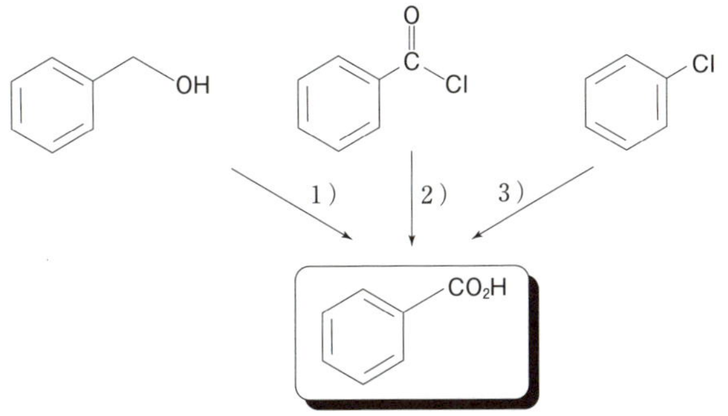

14.9　カルボン酸誘導体

CHECK POINT

- 求核アシル置換反応により合成される。その反応性は脱離基が脱離後に安定化するもの程高い。反応性：酸ハロゲン化物＞酸無水物＞エステル＞アミド
- カルボン酸誘導体はそれよりも反応性の低い他のカルボン酸誘導体へ変換できる。
- カルボン酸の脱水反応による合成には，ジシクロヘキシルカルボジイミド（DCC）などの縮合剤が有効である。

問 14.19

次の変換をフロー式で示しなさい。

1） ベンゼンから安息香酸エチル
2） ベンゼンからアセトアニリド
3） クロロベンゼンから安息香酸 s-ブチル

解　答

1）

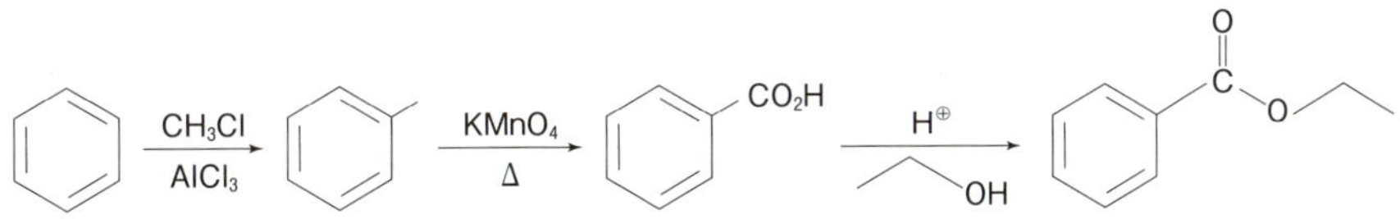

2)

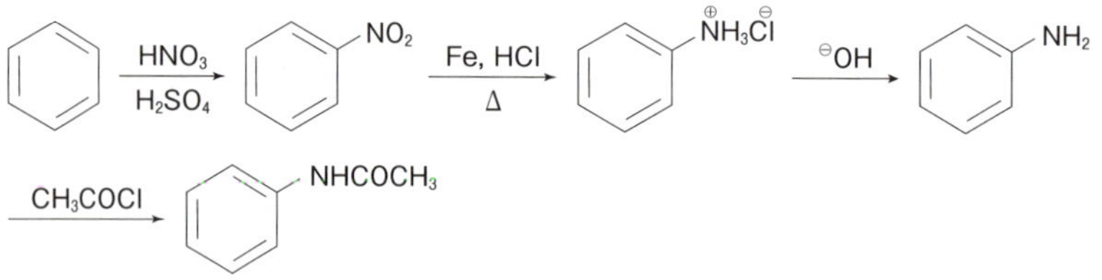

[reaction scheme: benzene → nitrobenzene (HNO₃/H₂SO₄) → anilinium chloride (Fe, HCl, Δ) → aniline (⁻OH) → acetanilide (CH₃COCl)]

3)

[reaction scheme: chlorobenzene → PhMgCl (Mg) → benzoic acid ((1) CO₂ (2) H₃O⁺) → sec-butyl benzoate (with 2-butanol, DCC)]

DCC = cyclohexyl-N=C=N-cyclohexyl

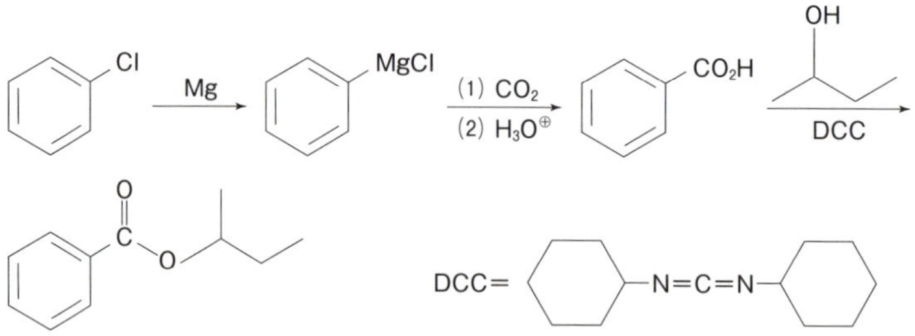

14.10　ア　ミ　ン

─CHECK POINT─

・Gabriel 法により合成される。

・含窒素化合物の還元により合成される。

問 14.20

次の変換をフロー式で示しなさい。ただし，オルト体とパラ体は分離可能であるとする。

1)　プロパノールから2-ヒドロキシブチルアミン
2)　ベンゼンから2-アミノトルエン

解　答

1) [reaction scheme: propanol →(PCC) propanal →(⁻CN, HCN) cyanohydrin →((1) LiAlH₄ (2) H⁺) 2-hydroxybutylamine]

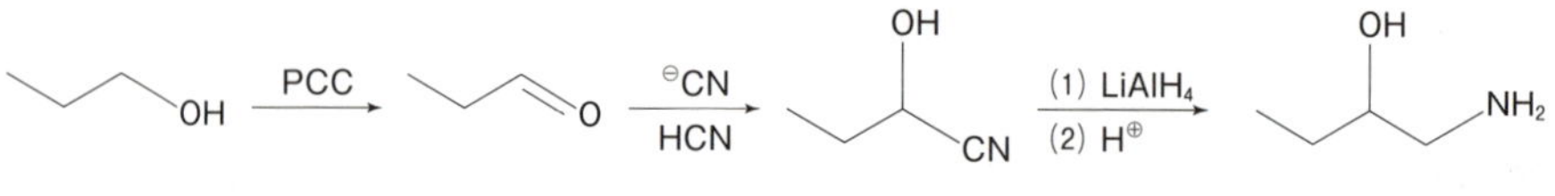

2) [reaction scheme: benzene →(CH₃Cl, AlCl₃) toluene →(HNO₃, H₂SO₄) 2-nitrotoluene →(Fe, HCl, Δ) ammonium chloride →(⁻OH) 2-aminotoluene]

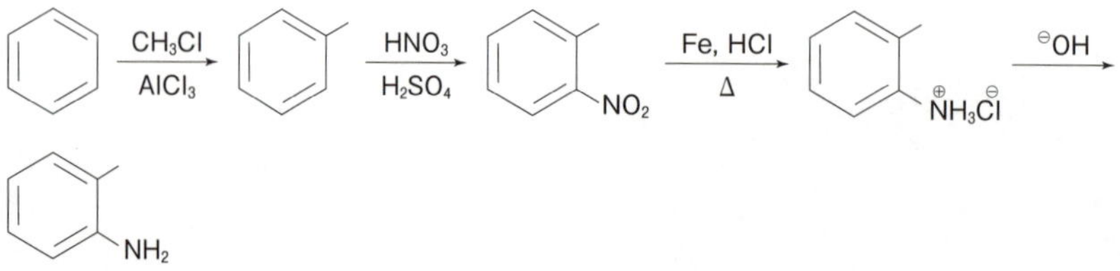

索 引

あ 行

アキシアル位　21
アシル化　62, 152
アセタール　118
アセチリド　54
アセチリドアニオンの求核付加反応　150
アゾ化合物　145
アミド　130
アミドの命名　35
アミン　129, 131
アミンの命名　37
アリールカチオン機構　152
アルカン　16
アルキル化　62, 145
アルキンの合成　150
アルキンの付加反応　148
アルケンの合成　148
アルコール　131
アルコールの合成　164
アルコールの命名　34
アルデヒドの命名　34
アルドール縮合　123
アレーンジアゾニウム塩　145
アンチ型立体配座　117
アンチ脱離　92
アンモニウム塩　145

イミン　118

右旋性　76

エクアトリアル位　21
エステル　130, 131
エステル化　140
エステルの命名　37
エーテルの命名　37
エナミン　118
エノール　54
エノラートイオン　123
エポキシド　114, 116
塩基　129
塩基性度　143

オキサシクロプロパン　164
オキサホスフェタン　123
オキソニウムイオン　107, 114

オゾニド　51
オゾン分解　168
オルト-パラ配向性　62, 152

か 行

過酸化物　113
加水分解　135, 140
活性化エネルギー　18
活性化基　136
カルボカチオン　46, 86
カルボキシラートイオン　129
カルボキシル基　131
カルボン酸　35, 129
カルボン酸の合成　170
カルボン酸誘導体　130, 135
還元　146, 172
還元反応　51
環状アセタール　121
官能基　25, 145
慣用名　26

求核アシル置換反応　130
求核試薬　46, 129, 130
求核性　86, 130
求核置換反応（S_N反応）　86, 107
求核的開環　114
求核付加反応　100
求電子試薬　46
求電子置換反応　61
求電子付加反応　46
吸熱反応　18
鏡像異性体　74, 76
競争反応　96
共鳴　143
共鳴効果　46, 143
共役系　60
共役酸　143
共役ジエン　56
共役二重結合　60
共役付加　56
共有結合数　3
キラル　76
金属マグネシウム　100

空軌道　3
クロム反応剤　111

クロロクロム酸ピリジニウム（PCC） 112

形式電荷 8
ケト-エノール互変異性 54
ケトンの命名 34

光学活性異性体 76
光学不活性 81
構造異性体 13, 74
骨格構造式 13
互変異性化 169
孤立電子対 3, 143

さ　行

最外殻電子 2
左旋性 76
酸化 136, 170
酸化剤 111
酸化的付加反応 100
酸化反応 51
三次元的配置 74
酸性度 103, 129
酸ハロゲン化物 130
酸ハロゲン化物の命名 37
酸無水物 135
酸無水物の命名 36

ジアステレオ異性体（ジアステレオマー） 74, 81
ジアゾニウム塩 145, 152
ジアゾカップリング 145
軸性キラリティー 84
ジシクロヘキシルカルボジイミド（DCC） 171
シス-トランス異性体（幾何異性体） 74
シス（シン）付加 46, 117
縮合構造式 13

水素結合 6, 16, 103

線結合式 13
旋光度 76
双極子モーメント 6

た　行

第一級アミン 145
第一級アルコール 170
第三級アミン 145
第三級アルコール 135
対称面 81
第二級アミン 145

第四級アンモニウム塩 145
脱炭酸 140
脱離基 135, 171
脱離能 86
脱離反応（E反応） 92, 150

抽出法 130, 144
直鎖アルキルベンゼン 152

電気陰性度 6, 129
電子軌道 2
電子求引性基 129, 144
電子供与性基 144

トランス付加 46

は　行

配向性 152
配座異性体 21, 74
倍数接語 26
発熱反応 18
ハロゲン化アルキル 145
ハロホルム反応 158

非局在化 144
ヒドリドシフト 152
ヒドリド試薬 118
ヒドロキシ基 103
ヒドロペルオキシド 113
ヒドロホウ素化 164, 168
ヒュッケル則 60, 144

フィッシャー投影式 81
不活性化基 136
不斉炭素 76, 81
沸点 16
プロトン 130

平面偏光 76
ヘテロ開裂 9
ベンザイン反応 152
ベンジル位炭素 69

芳香族 144
芳香族化合物 60
芳香族化合物の合成 152
芳香族の命名 33
ホモ開裂 9

ま行

メシル化　149
メソ化合物　81
メタ配向性　62, 152
面性キラリティー　85

や行

有機金属試薬　100
誘起効果　46, 129
優先順位　80

溶媒和　104

ら行

ラジカル　18, 49
ラジカル反応　158
ラセミ化　87, 165
ラセミ体　76

立体異性体　74
立体中心の反転　116
立体配座　21
立体保持　110
リンイリド　118

ルイス酸　61
ルイス酸触媒　152

アルファベット

anti-Markovnikov（逆マルコウニコフ）則　158, 167
Brönsted-Lowry（ブロンステッド-ローリー）の定義　11
Cahn-Ingold-Prelog（カーン-インゴルド-プレローグ）　30, 80
Claisen（クライゼン）縮合　140
Cannizzaro（カニッツァロ）反応　127
Clemmensen（クレメンゼン）還元　152
Dieckmann（ディークマン）縮合　140
Diels-Alder（ディールズ-アルダー）反応　56, 148
E. Fischer（E. フィッシャー）　81
E1 反応　92, 107
E2 反応　92, 106
Friedel-Crafts（フリーデル-クラフツ）反応　61, 152, 158, 168
Gabriel（ガブリエル）法　146
Grignard（グリニャール）試薬　100, 118, 135
Hofmann（ホフマン）則　92
Hückel（ヒュッケル）則　60
Hund（フント）の規則　2
IUPAC 命名法　26
Jones（ジョーンズ）酸化　171
Jones 試薬　169
Kolbe（コルベ）反応　153
Lewis（ルイス）の構造式　2
Lewis の定義　11
Lindlar（リンドラー）触媒　54
Markovnikov 則　46, 158, 166
mCPBA（m-クロロ過安息香酸）　116
Newman（ニューマン）投影式　21
Nucleophilic Substitution reaction（求核置換反応）　86
Pauli（パウリ）の排他原理　2
PCC 酸化　111
pK_a　129
(R) 配置　80
(S) 配置　80
Sandmeyer（ザンドマイヤー）反応　158
S_N1 反応　86, 107, 110
S_N2 反応　86, 106
sp^2 混成軌道　44
sp^3 混成軌道　21
sp 混成軌道　44
Swern（スワン）酸化　111
Walden（ワルデン）反転　87
Williamson（ウィリアムソン）のエーテル合成　103, 116, 167
Wittig（ウィティッヒ）反応　118, 148

Wolff-Kishner（ウォルフ-キッシュナー）還元
　127, 152
Zaitsev（ザイツェフ）則　92, 108, 148
α, β不飽和アルデヒド　123
α水素　158
αプロトン　123
βケトエステル　140
βヒドロキシカルボニル化合物　123
π結合　44
π電子　60
σ結合　21

著者略歴

畔田博文（くろだ ひろふみ）

1996年	東京工業大学大学院総合理工学研究科博士課程修了
現　在	石川工業高等専門学校一般教育科教授　博士（工学）
専　門	有機・高分子合成

鈴木秋弘（すずき あきひろ）

1985年	長岡技術科学大学大学院材料開発工学専攻修士課程修了
現　在	茨城工業高等専門学校校長　博士（工学）
専　門	有機合成化学，生物有機化学

高木幸治（たかぎ こうじ）

1998年	東京工業大学大学院総合理工学研究科博士課程修了
現　在	名古屋工業大学工学部生命・応用化学科准教授博士（工学）
専　門	高分子合成，機能性高分子

川淵浩之（かわふち ひろゆき）

1984年	岡山大学大学院工学研究科修士課程工業化学専攻修了
現　在	富山高等専門学校物質化学工学科教授　博士（工学）
専　門	有機合成化学，有機電解合成

これでわかる基礎有機化学演習（きそゆうきかがくえんしゅう）

2012年3月30日　初版第1刷発行
2024年3月20日　初版第3刷発行

© 著者　畔　田　博　文
　　　　鈴　木　秋　弘
　　　　高　木　幸　治
　　　　川　淵　浩　之
発行者　秀　島　　　功
印刷者　入　原　豊　治

発行所　**三共出版株式会社**　東京都千代田区神田神保町3の2
　　　　振替00110-9-1065
郵便番号101-0051　電話03-3264-5711　FAX 03-3265-5149
https://www.sankyoshuppan.co.jp/

一般社団法人**日本書籍出版協会**・一般社団法人**自然科学書協会**・**工学書協会**　会員

Printed in Japan　　　　　　　　　　印刷/製本　太平印刷社

JCOPY〈(一社)出版者著作権管理機構委託出版物〉
本書の無断複写は著作権法上での例外を除き禁じられています．複写される場合は，そのつど事前に，(一社)出版者著作権管理機構（電話03-5244-5088, FAX 03-5244-5089, e-mail : info@jcopy.or.jp）の許諾を得てください．

ISBN978-4-7827-0666-4

これでわかる基礎有機化学

ISBN978-4-7827-0518-6

石川工業高等専門学校教授　畔田博文　　富山大学名誉教授　樋口弘行
富山高等専門学校教授　川淵浩之　　名古屋工業大学准教授　高木幸治　共著

B5・並製・180 頁／定価 2,530円(本体 2,300 円)

　関連する反応を 1 つにまとめ公式的に学ぶ。また命名法を 1 つの章にまとめ化合物の名称と構造を理解する。講義ノート風に内容を簡素にまとめ，初心者を対象に簡潔にわかりやすく系統的に学ぶ。

目　次

1　有機化合物と化学結合
2　有機化合物の表現法とアルカン
3　有機化合物の分類と IUPAC 命名法
4　アルケンとアルキンの化学
5　芳香族化合物の化学
6　立体化学
7　有機ハロゲン化合物の化学
8　アルコールの化学
9　エーテルの化学
10　アルデヒドとケトンの化学
11　カルボン酸の化学
12　カルボン酸誘導体の化学
13　アミンの化学
14　各種化合物の合成反応

三共出版